畜牧养殖实用技术问答丛书

MUXU JIAGONG LIYONG SHIYONG JISHU WENDA

苜蓿加工利用实用技术问答

全 国 畜 牧 总 站　组编

中国农业出版社
北　京

本书编写人员

主　编　玉　柱　李蕾蕾　田　莉

副主编　孙启忠　吴　哲　宋　真

参　编（按姓氏笔画排序）

史莹华　毕颖慧　刘忠宽　刘振宇

孙雨坤　李文麒　李红烨　陆　健

娜日苏　黄萌萌　格根图　贾婷婷

郭旭生

Foreword 前言

苜蓿是世界性优良饲草，在我国已有2 000多年的栽培史。自中华人民共和国成立以来，各级政府高度重视苜蓿的作用，出台了许多种植苜蓿的政策，使我国苜蓿种植业得到了长足的发展，特别是2012年，国家启动了"振兴奶业苜蓿发展行动"计划，在农业农村部组织实施下，极大地促进了苜蓿种植的积极性、产业性和经济性，苜蓿生产的主产区在我国逐步形成，并迅速形成一批规模化、标准化的苜蓿生产基地与生产加工企业，以苜蓿等优质饲草为重点，创建了草畜一体化经营模式，不仅提高了苜蓿等优质饲草的利用率，而且也提升了我国草牧业的现代化发展水平，促进了我国草牧业的高质量发展。

为进一步普及苜蓿生产常规技术，加大苜蓿利用力度，提高苜蓿生产利用率，农业农村部畜牧兽医局、全国畜牧总站以"优质青粗饲料资源开发利用示范项目"内容及前期工作为基础，组织编写了本书。"优质青粗饲料资源开发利用示范项目"作为草牧业发展和粮改饲项目的重要技术支撑，自2019年启动以来，农业农村部每年安排专项经费，用于开展苜蓿等优质饲草生产和利用技术组装集成与示范。在苜蓿生产与利用技术的示范带动下，苜蓿等优质饲草生产加工中的科技含量得到提升，主要表现为：一是苜蓿种植规模不断扩大，作业机械化、标准化和规范化水平明显提升，集约化、种植产业化发展明显增强，产量明显增加，苜蓿自给率不断提高；二是苜蓿加工能力不断提高，以苜蓿为生产原料的加工企业像雨后春笋般涌现，使我国苜蓿加工能力明显增强，实现了苜蓿草产品的多样化、功能化和高附加值化，高质量、高效益发展势头强劲；三是苜蓿转化利用率不断提升，明显降低了苜蓿等优质饲草养分损失率，极大地提高了饲草质量，有效地增加了草食家畜养殖效益，苜蓿等优质饲草在奶牛养殖中的作用越来越重要。实践表明，通过本项目的实施辐射带动了示范区周边苜蓿种植、调制加工和高效利用，为草牧业发展和粮改饲项目的顺利推进提供了有效的技术保障。本书就是从技术层面，对上述工作的总结。

全书共分八篇，分别为苜蓿知识导读篇、苜蓿原料篇、苜蓿生产利用设施装备篇、苜蓿干草制作篇、苜蓿青贮饲料调制篇、苜蓿草粉和成型加工篇、苜蓿饲草产品质量安全评价篇、苜蓿饲料饲喂利用篇。本书采用一问一答的形式，针对农牧民和养殖户在苜蓿生产加工利用和应用等各个环节的常见问题与误区，以清晰直观的图片、通俗易懂的语言进行了逐条解答，帮助农牧民答疑解惑，推广苜蓿种植、加工及利用技术，促进苜蓿养殖业发挥更大作用，带动农牧民增收。本书图文并茂，实用性、可操作性强，可供草牧业学者和广大农牧民学习、借鉴和参考。

由于作者水平有限，经验不足，书中不妥及错误在所难免，恳请读者批评指正。

编　者

2020年9月10日

Contents 目录

一、苜蓿知识导读篇

1. 我国什么时候开始种植苜蓿？最早提倡种植苜蓿的人是谁？

我国苜蓿栽培始于汉代，即公元前126年（元朔三年），由汉武帝派往西域的汉使将苜蓿种子带入。据《史记·大宛列传》记载：“宛左右以蒲陶为酒，富人藏酒至万馀石，久者数十岁不败。俗嗜酒，马嗜苜蓿。汉使取其实来。于是天子始种苜蓿蒲陶肥饶地。及天马多外国使来，众则离宫别观旁尽种蒲陶苜蓿极望。”《汉书·西域传》中记载：“张骞始为武帝言之，上遣使者持千金及金马，以请宛善马……宛王蝉封与汉约，发南千犬天马二匹。汉使采蒲陶、目宿种归。天子以天马多，又外国使来众，益种蒲萄、目宿离宫馆旁，极望焉。”《资治通鉴》亦云：“汉使采其实来，天子种之。”据此，汉武帝为西汉最初提倡种植苜蓿者是毋庸置疑的（图1-1）。汗血马东入中原初，大多被饲养在汉宫廷内，供作礼仪和王公贵族骑乘遊玩。骑射引进以后，马成了非常重要的一种工具，所以有“苜蓿随天马，葡萄逐汉臣”之句。中国近现代著名教育家蒋梦麟指出“汉武帝在宫外好几千亩地里种了苜蓿。天马是指西域来的马，阿拉伯古称天方，从那边来的马称天马。因为天马喜食苜蓿，所以在引进天马的同时，也就引进了苜蓿。”这一事实无疑对苜蓿种植具有决定性影响。

图1-1　汉武帝

2. 我国古代苜蓿主要种植在什么地方？

汉武帝时，汉使从西域引入苜蓿种，开始在京城宫院内试种，然后在宁夏、甘肃一带推广。颜师古在为《汉书·西域传》作注时也说："今北道诸州旧安定、北地（两郡毗连，则今宁夏黄河两岸及迤南至甘肃东北等地）之境，往往有目蓿（苜蓿）者，皆汉时所种也。"

北魏《齐民要术》所讨论的农业生产范围，主要在黄河中下游，大体包括山西东南部、河北中南部、河南的黄河北岸和山东（图1-2）。《齐民要术•种苜蓿第二十九》所讨论的可能就是这个区域的苜蓿种植管理经验。另外，在北魏孝文帝迁都洛阳后，重建洛阳城，并建立名为光风园的皇家菜园。北魏杨衒之《洛阳伽蓝记》记载"大夏门东北，今为光风园（即苜蓿园），苜蓿生焉。"在皇家华林园中也建有蔬圃，种植各种时令蔬菜，其中就有苜蓿。另据《述异记》记载："张骞苜蓿园，今在洛中，苜蓿本胡中菜也，张骞始于西戎得之。"明代《群芳谱》记述苜蓿种植情况曰："张骞自大宛带种归，今处处有之……三晋为盛，秦、鲁次之，燕、赵又次之，江南人不识也。"

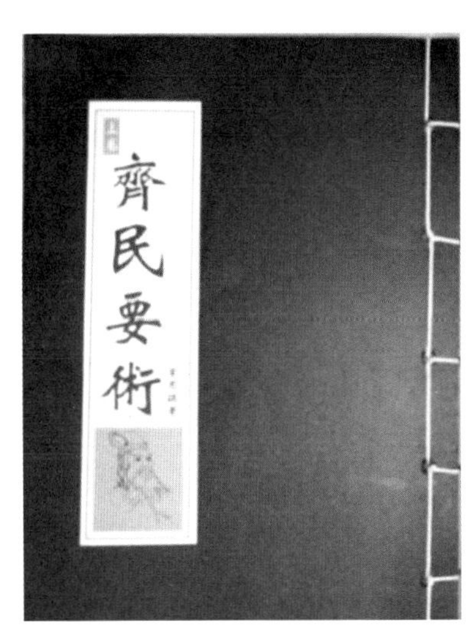

图1-2 《齐民要术》

3. 为什么苜蓿被誉为牧草之王？

苜蓿是重要的饲草之一，因其适应性强、利用价值高，所以又被称为"牧草之王"。其优点主要有：

（1）适应性强　苜蓿具有抗寒、耐寒、耐盐碱、耐瘠薄和耐酸等特性。对土壤要求不严，以富含钙质的砂壤土为宜，能种植作物的地苜蓿都能生长；此外，不能生长作物的风沙土、盐碱地、寒旱地等，苜蓿也能生长，因此苜蓿种植较为广泛，世界各地都有栽培。

（2）产量高　苜蓿为多年生牧草，一般播种当年生长缓慢，从生长的第二年苜蓿就开始快速生长并形成产量高峰期，视管理条件，一般产量高峰期可维持3～4年，若管护得好，产量高峰期可能会延长。

（3）营养价值高　苜蓿以富含粗蛋白质、矿物质和维生素等著称，胡萝卜素含量也较高，且适口性好，易消化吸收。与禾本科牧草相比，在等面积的土地上，苜蓿能产2倍的可消化总养分、2.5倍的可消化蛋白质和6倍的矿物质。

（4）经济价值高　苜蓿产量高、营养价值高，为各种畜禽所喜食，目前市场对各类苜蓿草产品和苜蓿种子（及以此形成的产品）需求量较大，经济价值较其他牧草要高许多，甚至高于某些农作物的经济价值。

苜蓿在国内外种植利用状况如何？

苜蓿为世界性牧草，各个国家都有种植，美国为世界上苜蓿生产能力最强的国家，苜蓿生产技术水平高，产业化程度和经济效益高，是世界苜蓿产品出口大国。

我国以苜蓿种植历史悠久而闻名世界。随着畜牧业的快速发展，特别是我国奶牛养殖的快速发展，对苜蓿产品的需求量越来越大；同时种植业结构调整和生态治理对苜蓿的需求也在增加。截止到2017年，我国苜蓿种植面积达430万公顷，占我国多年生牧草种植面积的30.4%。西北地区（甘肃、新疆、内蒙古）作为我国苜蓿的主要产区，占全国苜蓿种植面积的68%。

5. 苜蓿在我国草牧业和奶业发展中有什么作用？

苜蓿既是草业中的重要牧草，又是畜牧业发展中不可或缺的饲草，在草牧业发展中具有纽带的作用。苜蓿是我国草业中的主要栽培牧草，不论是在提供优质饲草方面，还是在改良土壤和生态保护等方面，均发挥着重要作用。截止到2017年，我国苜蓿种植面积达430万公顷，占我国多年生牧草种植面积的30.4%。

苜蓿是奶牛粗饲料中的基础饲草，除可为奶牛提供优质蛋白质外，还可提供大量氨基酸、多种维生素和丰富的矿物质等，在增加奶牛泌乳量和提高机体免疫力等方面具有独特的作用。

6. 为什么在农区和半农半牧区选择苜蓿进行草田轮作？

苜蓿除作饲草外，还可作为绿肥原料。我国千百年来土壤肥力不衰，与长期进行草田轮作不无关系，苜蓿是从古至今进行草田轮作的首选绿肥植物。早在明代人们已经认识到并开始利用苜蓿根系的固氮作用进行肥田，明代农学家王象晋的《群芳谱》（图1-3左）记载：（苜蓿）“若垦后次年种谷，必倍收，为数年积叶坏烂，垦地复深，故三晋人刈草三年即垦作田，亟欲肥地种谷也。”说明苜蓿生长3年后，土壤肥力有明显的提高，可使需氮较多的谷类作物丰产。明代科学家徐光启的《农政全书》（图1-3右）记载：“苜蓿七八年后，根满，地亦不旺。宜别种之。”

明清时期，关中不仅普遍种植苜蓿作为家畜饲草，而且在轮作倒茬作物之中，亦一向被农民认为是谷类作物、棉花的良好前茬作物。明清时期，咸阳及周边地区，以小麦为中心进行轮作倒茬，将苜蓿加入长周期轮作，一般种五六年苜蓿后，再连续种三四年小麦，以利用苜蓿茬的高肥力。

现代苜蓿科学也证实了这一点，即苜蓿一般生长七八年就会衰退，主要是由于丰富氮素的积累，磷、钾相对逐渐贫乏，也

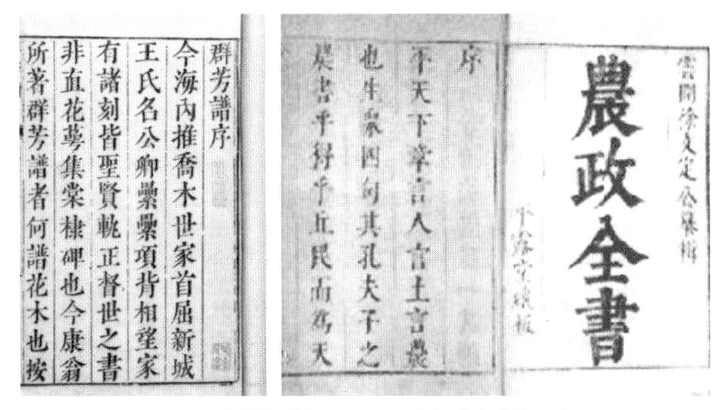
群芳譜序
今海內推喬木世家首屈新城
王氏名公卿纍纍項背相望家
有諸刻皆聖賢軌正督世之書
非直花蕚集棠棣碑也今康翁
所著群芳譜者何譜花木也按

序

農政全書

图1-3 《群芳谱》（左）和《农政全书》（右）

越来越不利于根瘤菌的生长，因而，苜蓿开始出现生长不良。由此可见，在明代苜蓿出现在轮作制度中是具有一定科学依据和实践的，同时表明我国在明代就有了以苜蓿为主的近乎现代科学的草田轮作。研究表明，苜蓿能改良土壤、提高肥力的原因在于：①提高了土壤腐殖质的含量；②通过生物固氮，增加了土壤中的氮素含量；③改善了土壤的团粒结构；④增加了土壤的蓄水能力。在我国“粮改饲”政策的鼓励和支持下，农区特别是半农半牧区将会有大量的耕地进行草田轮作，既符合国家要求，也符合实现种养结合的战略需求，所以在今后农区和半农半牧区草田轮作中苜蓿潜力巨大、无可替代。

7. 苜蓿利用的主要形式有哪些?

（1）苜蓿的饲用　从古至今，饲用性是苜蓿的主要利用形式，用做饲草的方式主要有青饲、放牧、干草或青贮。

（2）苜蓿的绿肥　苜蓿不仅能固氮并增加土壤肥力，同时它有发达的根系，可吸收土壤深层养分，而且根系在土壤中纵横穿插，能改善土壤的物理性状，增加土壤有机质，从而改善土壤结构，增加水稳性团粒，使土壤的透水性提高，增强了土层的蓄水保水能力。因此民间流传着由来已久的农谚：“一亩苜蓿三亩田，连种三年劲不散”“倒茬如施粪”和“种几年苜蓿，收几年好庄稼”等。春小麦+苜蓿+苜蓿（压青）+水稻是常见的轮作方式。孙醒东在《重要绿肥作物栽培》中，对苜蓿绿肥作用有深入的研究（图1-4）。

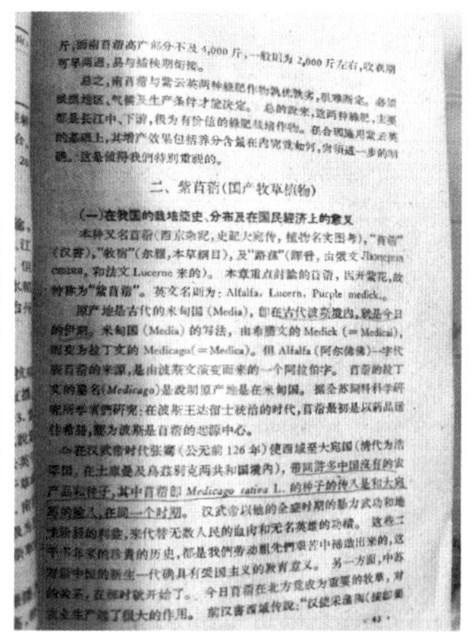

斤，西南苜蓿高产部分不及4,000斤，一般则为2,000斤左右，收获期可早两週，易与插秧期衔接。

总之，南苜蓿与紫云英两种绿肥作物孰优孰劣，很难断定。必须根据地区、气候及生产条件才能决定。总的说来，这两种绿肥，主要都是长江中、下游，很为有价值的绿肥栽培作物。在合理施用紫云英的基础上，其增产效果包括养分含量在内究竟如何，尚须进一步的研究。这是值得我们特别重视的。

二、紫苜蓿（国产牧草植物）

（一）在我国的栽培历史、分布及在国民经济上的意义

本种又名苜蓿（西京杂记，史記大宛传，植物名实图考），“苜宿”（汉书），“牧宿”（尔雅，本草纲目），及“路蓿”（譯音，由俄文Люцерна，和法文Lucerne来的）。本章重点討論的苜蓿，因开紫花，故特称为“紫苜蓿”。英文名则为：Alfalfa，Lucern，Purple medick。

原产地是古代的米甸国（Media），即在古代波斯境内，就是今日的伊朗。米甸国（Media）的写法，由希腊文的Medick（=Medicai），而变为拉丁文的Medicago（=Medica）。但Alfalfa（阿尔发发）一字代表苜蓿的来源，是由波斯文演变而来的一个阿拉伯字。苜蓿的拉丁文的屬名（*Medicago*）是說明原产地是在米甸国。据全苏饲料科学研究所学者們研究：在波斯王达留士统治的时代，苜蓿最初是以药品运往希腊，認为波斯是苜蓿的起源中心。

在汉武帝时代张骞（公元前126年）使西域至大宛国（清代为浩罕国，在土库曼及乌兹别克两共和国境内），带回許多中国沒有的农产品和种子，其中苜蓿即*Medicago sativa* L.的种子的传入是和大宛马的输入，在同一个时期。汉武帝以他的全盛时期的暴力武功和地主阶级的利益，來代替无数人民的血肉和无名英雄的功績。这些二千多年來的珍貴的历史，都是我們勞动祖先們艰苦中锻炼出来的，这对新中国的新生一代确具有爱国主义的教育意义。另一方面，中苏的关系，在那时就开始了。今日苜蓿在北方已成为重要的牧草，对农业生产起了很大的作用。前汉書西域传說：“汉使采蒲陶（葡萄）

· 43 ·

图1-4 《重要绿肥作物栽培》

（3）苜蓿的生态保护　种植牧草是保持水土的有效措施之一。苜蓿枝叶繁茂，对地面覆盖度大，二年苜蓿返青后40天其覆盖度可达95%。苜蓿又是多年生深根系植物，在改良土壤和减少水土流失方面的作用十分显著。另外，苜蓿耐盐碱性强，具有显著改良盐碱地的作用。我国古代劳动人民很早就懂得利用苜蓿改良盐碱地，清代《观城县志》记载“碱地寒苦，苜蓿能暖地，性不畏碱，先种苜蓿数年，改艺五谷蔬果，无不发矣”。

（4）苜蓿的蔬食　早在汉代我国就开始将苜蓿作为蔬菜利用。东汉崔寔的《四民月令》中既将苜蓿当饲草栽培，也将其作蔬菜栽培（图1-5）。在其提到的二十余种蔬菜中，记载了苜蓿一年可分三次播种，首次播种在正月，其余两次可在七月、八月播种，前后两

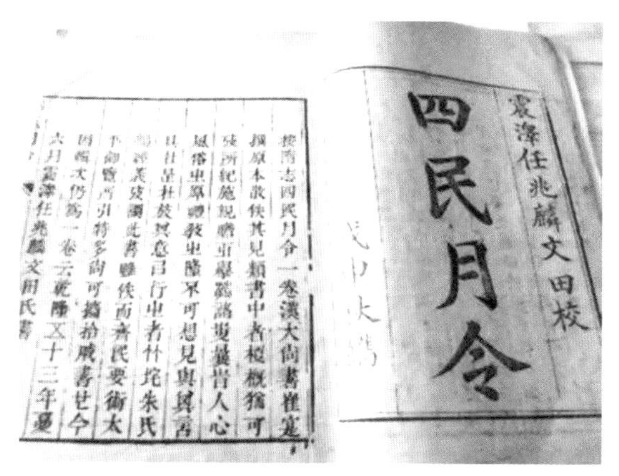

图1-5 《四民月令》

次播种期相隔五六个月之久，苜蓿幼⊠时可食。北魏贾思勰亦指出：“春初既中生，⊠为羹，甚香……都邑负郭，所宜种之。”

（5）苜蓿的药用　最早记载苜蓿本草性的是汉末的《名医别录》，其载：“安中利人，可久食”。唐代名医孟诜谓其“利五脏，轻身健人，洗去脾胃间邪气，诸恶热毒”。唐苏敬《新修本草》记载：“苜蓿茎叶平，根寒。主热病，烦满，目黄赤，小便黄，酒疸。”明代李时珍《本草纲目》论苜蓿根曰：“捣汁煎饮。治沙石淋病。”参见图1-6。

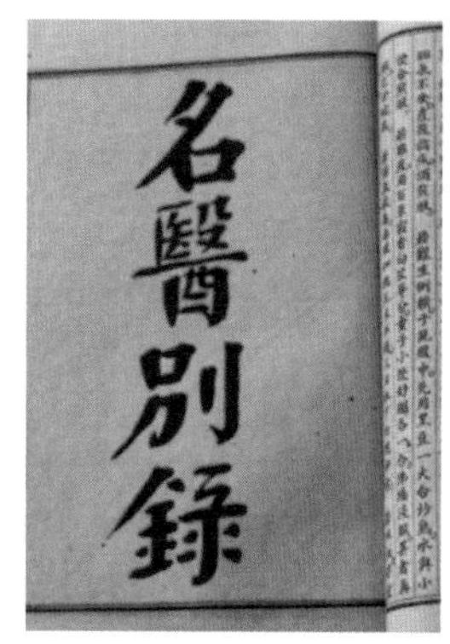

图1-6 《名医别录》（左）《新修本草》（中）及《本草纲目》（右）

（6）苜蓿的香料　唐宋时期敦煌寺院对香料在种类和数量方面的需求很大。据研究，古时波斯与敦煌及印度与敦煌之间曾存在着一条香药传输之路。敦煌文献中也有不少唐、五代、宋初敦煌寺院科征香料和消费香料的记载：“香枣花两盘、苜蓿香两盘、菁苜香根两盘、艾两盘。”唐代孙思邈《千金要方》和《千金翼方》载有一味香药，名为苜蓿香。《千金要方》衣香方云：“零陵香、藿香各四两，甘松香、茅香各三两，丁子香一两，苜蓿香二两，上六味各捣，加泽兰叶四两，粗下用之，极美。”《千金翼方》中“治妇人令好颜色方”用了包含苜蓿香在内的十种植物和猪胰来捣制面药（类似现在的香皂），“以洗手面，面净光润而香”。（图1-7）

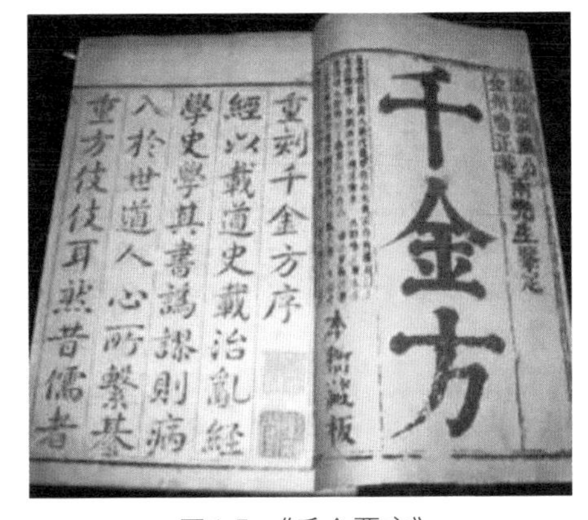

图1-7　《千金要方》

（7）苜蓿的茶品　长期以来，人们主要是将苜蓿幼嫩的茎叶和花作为蔬菜食用，但近年来，利用苜蓿幼嫩的茎叶和花作茶品也开始出现。工艺流程：选料—切碎—蒸热—冷却—干燥—烘焙—粉碎—成品。

产品类似绿茶，无苜蓿的草腥味，富含钙、磷、铁等矿物质和维生素。苜蓿茶的好处：有助于降低胆固醇水平和血糖水平等。

（8）苜蓿的蜜源　苜蓿是优良的蜜源植物，在我国北方地区，将苜蓿花、油菜花、槐树花和党参花并列为四大蜜源植物。苜蓿花期较长，花蜜质量好，但产量较低，苜蓿蜜的产蜜期为每年的7—9月，丰产期为每年的8月；苜蓿蜜色泽因产地不同，呈紫色或浅紫色，口感清纯，入口即化，由于苜蓿蜜的波美度不同而使口感略有差别，但不影响苜蓿蜜的质量。纯正的苜蓿蜜次年会产生结晶，蜂蜜结晶后晶莹若紫玉，细腻若脂，气味芳香、味道甘甜，性温色白、口感上乘，为一等蜜。据传统经验，0.2公顷苜蓿即可满足一群蜂的放养需要，每群蜂一年可产蜜20～25千克，因此种植苜蓿对发展养蜂业十分有利。

8. 苜蓿有哪些广义草产品？

苜蓿的广义草产品主要包括：干草捆、草颗粒、草块、草粉、青贮饲料、叶蛋白、芽菜、幼苗菜、苜蓿茶、提取物质。

（1）干草捆　是指将调制成含水量在17%以下的干草，贮存前用各种干草打捆机压制成的草捆。一般每捆35～40千克。干草捆不仅便于搬运、储藏和取用，且能较好地保持干草的绿色和香味，减少养分的损失。草捆可分为低密度草捆（图1-8A）和高密度草捆（图1-8B）两种基本产品形态。

图1-8　低密度苜蓿草捆（A）和高密度苜蓿草捆（B）

（2）草颗粒　是指将苜蓿草干燥后经制粒工艺而得的产品。该种产品利于储藏、运输，通常用于饲喂牛、羊等反刍动物。苜蓿草颗粒的蛋白质含量较高，可以在一定程度上减少精饲料的用量（图1-9）。

图1-9　苜蓿草颗粒

（3）草块　是指把苜蓿等豆科牧草压成块状、砖状、柱状和饼状等各种形状的干草块（图1-10），每块重50克左右，一般用干草制块机压制而成。这种干草块营养价值高、使用方便、容易储输，而且耐储藏，可以作为牛、羊、马的基础饲料。

图1-10　苜蓿草块

（4）草粉　苜蓿草粉是由苜蓿草按一定的茎叶比例制成的草粉，是一种调整配合饲料适口性及理化性状的草粉类饲料原料（图1-11）。苜蓿草粉富含氨基酸、矿物质及微量元素，因此在农业中得到广泛的应用和大面积种植。

图1-11　苜蓿草粉

（5）青贮饲料　是苜蓿保鲜饲料，制作工艺主要包括收获粉碎和装窖压实（图1-12）。苜蓿青贮过程主要是多种微生物发酵的过程，即乳酸菌发酵产生乳酸，降低青贮饲料的pH，乳酸本身既是营养物质，又有抑制饲料中其他微生物（如腐败微生物）生长的作用，使饲料能够长期保存。

图1-12　苜蓿收获粉碎（A）与装窖压实（B）

（6）叶蛋白　苜蓿叶蛋白是将苜蓿茎叶粉碎、压榨、凝聚、析出、干燥而形成的一种蛋白质浓缩物，其中蛋白质含量为38.31%～62.7%、粗脂肪为6%～12%、无氮浸出物为10%～35%、粗纤维为2%～4%（图1-13）。苜蓿叶蛋白的开发利用有利于挖掘苜蓿的潜在营养价值和提高其经济附加值，缓解目前我国蛋白质饲料资源紧张的状态。我国苜蓿叶蛋白提取工作开始于20世纪90年代，根据叶蛋白的不同性质总结出了很多提取方法，主要有以下几种：①利用蛋白质的溶解性；②利用蛋白质在等电点条件下或强碱作用下的变性沉淀；③利用蛋白质分子大小和形状差异。

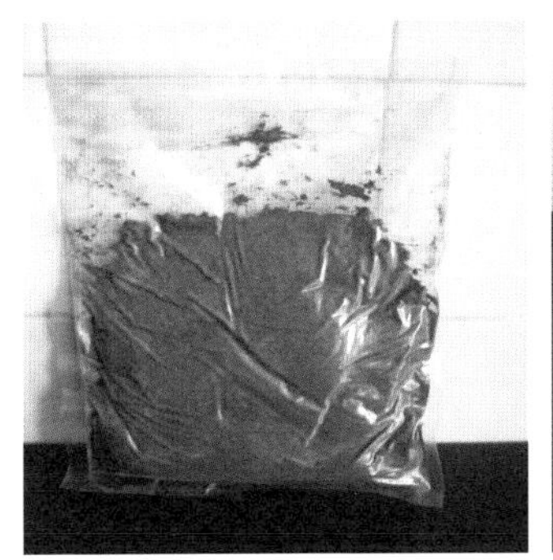

图1-13　苜蓿叶蛋白

（7）芽菜　苜蓿芽是一种低热量且营养丰富的天然碱性食物（图1-14）。苜蓿芽所含蛋白质是小麦的1.5倍，并富含矿物质（钙、镁、钾、铁、磷）、微量元素（硒、锌）、维生素A、B族维生素、维生素C、维生素D、维生素E、维生素K、烟碱酸、叶绿素及多种酵素等。

图1-14　苜蓿芽

（8）幼苗菜　苜蓿幼苗或成株苜蓿的嫩芽可食用（图1-15）。

图1-15　苜蓿幼苗菜

（9）苜蓿茶　苜蓿茶是对苜蓿芽尖进行杀青、揉捻、炒干和提香等步骤制备而成。苜蓿茶可促进机体酸碱平衡和肠蠕动。

（10）提取物质　紫苜蓿含皂甙、卢瑟醇、苜蓿酚、考迈斯托醇、刺芒柄花素、大豆黄酮等异黄酮衍生物，以及苜蓿素、瓜氨酸、刀豆酸。

9. 苜蓿饲草流通产品有哪些？

目前苜蓿饲草流通产品主要有干草捆、成型苜蓿和裹包青贮饲料。

（1）干草捆　是苜蓿饲草产品的主要形态，也是最基本的形态，有低密度（或称普通）草捆（图1-16A）和高密度捆（图1-16B）两种。

图1-16　低密度苜蓿草捆（A）和高密度苜蓿草捆（B）

（2）成型苜蓿　经过加工后而成型的苜蓿产品，如草颗粒、草块、草饼等（图1-17）。

图1-17　成型苜蓿

（3）裹包青贮饲料　裹包苜蓿青贮饲料是一种利用机械设备完成苜蓿饲料青贮的方法，是在传统青贮的基础上研究开发的一种新型苜蓿饲料青贮技术（图1-18）。

图1-18　裹包苜蓿青贮

10. 苜蓿的主要营养成分有哪些？

苜蓿的主要营养成分包括：①粗蛋白质、粗纤维（酸性洗涤纤维、中性洗涤纤维）、粗脂肪、无氮浸出物；②矿物质，如钙、磷等；③胡萝卜素和各种维生素、烟碱酸、叶绿素及多种酵素等；

④氨基酸，如精氨酸、谷氨酸、赖氨酸等；⑤糖类，如聚果糖、葡萄糖、蔗糖等。

11. 苜蓿成型饲料加工利用有哪些优势与不足？

苜蓿经过加工后变为成型饲料，一是极大地提高了苜蓿的运输能力，降低了苜蓿草的运输成本，扩大了苜蓿草的运输半径；二是最大可能地保全了营养物质和防止苜蓿变质；三是便于苜蓿草储藏，降低苜蓿草储藏时所占空间。

苜蓿草经过加工变为成型饲料后，会提高苜蓿产品的成本，这是苜蓿饲料的最大不足。

12. 苜蓿干草加工利用有哪些优势与不足？

苜蓿干草是畜禽利用的最基本形态，也是最常见的利用方式。目前在苜蓿利用方面主要以干草为主，特别是奶牛对苜蓿干草需求量较大。常见的苜蓿干草调制过程主要包括割青、晾晒、打捆、运输、储藏等。苜蓿干草捆调制方法简单、成本低、便于长期储藏，是我国北方苜蓿生产中的主要产品（图1-19）。

图1-19　苜蓿干草捆

在苜蓿干草调制加工过程中，苜蓿叶片极易脱落，造成营养物质的损失。此外，在苜蓿晾晒过程中应避免雨淋。

13. 苜蓿青贮加工利用有哪些优势与不足？

苜蓿青贮加工调制方法主要有青贮窖青贮和包膜青贮两种（图1-20）。苜蓿青贮加工利用的优点很多，概括起来主要有以下几方面：①青贮饲料可以较长时间保存青绿饲料的养分。青饲料在青贮时的营养损失一般仅在10%左右，另外，青贮饲料比晒干饲料易消化。②青贮饲料可以保证常年均衡供给青饲料，青贮饲料可以起到以旺补淡的调节作用，即把夏秋季节多余的青绿饲料保存在冬季或早春饲喂，改善冬季的营养条件。

苜蓿是不易青贮饲草，在青贮过程中如果操作不当，可能会引起青贮苜蓿饲料的腐败变质，导致青贮失败。

图1-20　苜蓿窖贮

二、苜蓿原料篇

14. 我国苜蓿品种有哪些类型?

目前，我国生产中的苜蓿品种主要有四类（图2-1）：

（1）地方品种　如敖汉苜蓿、准格尔苜蓿、陇东苜蓿等。

（2）育成品种　如公农1号苜蓿、草原1号苜蓿、甘农1号杂花苜蓿。

（3）驯化品种　如呼伦贝尔黄花苜蓿。

（4）引进品种　如润布勒苜蓿、WL323HQ苜蓿。

图2-1　不同苜蓿品种

15. 如何选择合适的苜蓿品种?

苜蓿在世界多数地区都能种植，具有较广泛的适应性。在长期的栽培过程中，自然形成和人为培育出许多品种，每个品种在适宜的种植区内都具有较强的适应性并能获得较高的产量。因此，选择品种要根据栽培区的自然气候条件、土壤条件、牧草的利用方式及品种的适应性等来确定。

（1）地理相近原则　苜蓿的适宜种植区主要分布在北纬35°～43°。在选择苜蓿品种时，一般要求在同纬度或纬度相近的区域内选择。

（2）气候及土壤相似原则　我国地域广阔，自然气候及土壤条件差异显著，在选择所种植的苜蓿品种时，应根据栽培地的气候和土壤类型选择来源于相同或相近的气候和土壤类型区的苜蓿品种，如在寒冷干旱地区种植苜蓿应选择敖汉苜蓿、准格尔苜蓿、草原1号苜蓿、草原2号苜蓿等品种，因为这些苜蓿的原产地和育成地均具有寒冷干旱的气候特点，土壤条件也比较一致。一般而言，在干旱区、半干旱区、无灌溉地区，应选择国产品种；在水热条件较好、有灌溉条件的地区可选择进口品种。

（3）品种的适应性　有些苜蓿品种虽然来自纬度相同或相近的地区，或生态条件相似的区域，但由于距离较远，也容易产生品种的不适应问题，因此从较远的距离引种至少需要进行3～4年的引种试验，特别是在寒旱区引种进口品种，进行引种试验非常重要，也是必需的。有些品种的适应性非常强，而有些品种则要求有较高的管理水平，才能发挥其优良性能，如需要有良好的土壤结构和肥力、灌溉条件、盐碱状况、越冬保护、病虫害防治、杂草的控制及根瘤菌的活力等。一般来说，国内品种要比进口品种的适应性强，更耐粗放管理，持续利用时间较长，而引进品种适应性相对较弱，需要好的水肥条件和较好的管理，其高产性能才能表现出来。

（4）不同利用目的　用于生态建设的苜蓿品种应选择抗逆性强，适应性广泛的品种，特别应选择具有较强抗寒和抗旱性能的品种，多考虑国产品种；用于草田轮作的苜蓿品种应选择生长速度较快、较短时间内形成高产，并且有发达根系的品种；建立高产型人工草地要选择具有高产性能的品种，对水肥敏感，水肥效应好，同时要具有抗病虫的特点，也可考虑选择优良的进口品种；建立放牧型草地应选择耐践踏的苜蓿品种，如根蘖型苜蓿种类；在盐碱地上种植宜选择耐盐碱的品种如中苜1号苜蓿等。

（5）引种试验与检疫　在任何一个地区，所引种的苜蓿是当地以前未种植的品种，需进行引种试验；所引种的苜蓿种植面积大时必须进行引种试验，同时要通过检疫。我国对苜蓿的主要检疫对象包括几种真菌和细菌病害、线虫、籽蜂以及菟丝子等恶性杂草。这些病虫害往往会对苜蓿生产及种植地的其他植物或动物造成无法预料的损失，甚至是毁灭性的打击，因此必须高度重视苜蓿种子检疫问题。

（6）品种特性　对所选择的品种要清楚其所具备的优良特性和适应性，同时要了解种子的成熟度、纯净度、发芽率等质量问题。

16. 适合黄淮海地区种植的苜蓿品种有哪些？

黄淮海地区涉及七个省、直辖市，分别为北京、天津、山东、河北、河南、江苏和安徽。黄淮海地区位于华北、华东和华中三地区的结合部，地理位置优越、区位优势突出。江苏、安徽两省北部处于淮河流域，其气候特点是季风明显、四季分明、气候温和、降水量适中、春温多变、秋高气爽。本地区日照时数在2 100 ～ 3 000小时；年降水量一般在400 ～ 1 200毫米，降水在季节分配上很不均匀，夏季降水量多，占全年降水量的40%～ 70%。

根据气候特点和农业资源情况，苜蓿品种可选择无棣苜蓿、沧州苜蓿、蔚县苜蓿、淮阴苜蓿、保定苜蓿等，近几年中苜系列苜蓿在该地区种植面积不断扩大。此外，可以适当选择进口苜蓿品种作为补充，最好选择秋眠级3 ～ 4的苜蓿品种（图2-2），冬季相对暖和的南部地区可以选择秋眠级4 ～ 5的苜蓿品种。

图2-2　沧州苜蓿地

17. 适合华北地区种植的苜蓿品种有哪些？

我国华北地区主要为温带季风气候，夏季高温多雨，冬季寒冷干燥，年平均气温在8 ~ 13℃，年降水量在400 ~ 1 000毫米。内蒙古自治区年降水量少于400毫米，为半干旱区域。

北京、天津、河北和山西（南部）种植的苜蓿品种可选择沧州苜蓿、蔚县苜蓿、保定苜蓿、晋南苜蓿等，也可选择中苜系列苜蓿。此外，也可选择秋眠级3 ~ 4的进口苜蓿品种。内蒙古的四盟（市）、河北坝上和雁北地区冬季寒冷、春季多风、夏季少雨，气候条件相对恶劣，苜蓿选择以抗旱抗寒、耐风沙的苜蓿品种为主，如偏关苜蓿、准格尔苜蓿、草原系列苜蓿和中草系列苜蓿等国产苜蓿品种（图2-3）。

图2-3　呼和浩特苜蓿地

18. 适合西北地区种植的苜蓿品种有哪些？

西北地区主要包括陕西、甘肃、宁夏、青海、新疆和内蒙古（阿拉善盟、乌海市、巴彦淖尔盟、鄂尔多斯市）等。西北地区深居中国西北部内陆，具有面积广、干旱缺水、荒漠广布、风沙较多、生态脆弱等特点。

该区域苜蓿品种选择以国产品种为主，如关中苜蓿、陕北苜蓿、天水苜蓿、陇东苜蓿、陇中苜蓿、中兰1号苜蓿、北疆苜蓿、新疆大叶苜蓿，以及中草系列苜蓿、草原系列苜蓿、甘农系列苜蓿和新牧系列苜蓿等（图2-4）。此外在绿洲农业区（如河西走廊、河套灌区、银川平原、南疆等）可适当选择进口苜蓿品种作为补充，以秋眠级3 ~ 4为宜（图2-5）。

图2-4　北疆苜蓿

图2-5　河套灌区苜蓿

19. 适合东北地区种植的苜蓿品种有哪些？

东北地区主要包括黑龙江、吉林和辽宁三省以及内蒙古的赤峰市、通辽市、呼伦贝尔市和兴安盟东四盟（市）。东北地区自南向北跨中温带与寒温带，属温带季风气候，四季分明，夏季温热多雨，冬季寒冷干燥。自东南向西北，年降水量从1 000毫米降至300毫米以下，从湿润区、半湿润区过渡到半干旱区。

该区域苜蓿品种选择以国产品种为主，如图牧1号杂花苜蓿、图牧2号苜蓿、肇东苜蓿、呼伦贝尔黄花苜蓿、公农系列苜蓿和龙牧系列苜蓿等（图2-6）。

图2-6　兴安盟苜蓿地

20. 适合南方地区种植的苜蓿品种有哪些？

南方地区主要是秦岭－淮河一线以南的地区，西面为青藏高原，东面和南面分别濒临黄海、东海和南海，大陆海岸线长度约占全国的2/3以上。

近几年南方苜蓿发展迅猛，苜蓿种植面积在不断扩大，如湖南、四川等省部分地区都有苜蓿种植。目前适宜南方种植的国产苜蓿品种较少，主要有凉苜1号苜蓿、渝苜1号苜蓿，可适当选择一些进口苜蓿品种作补充，视情况选择半秋眠或非秋眠苜蓿品种进行种植（图2-7）。

图2-7 德阳苜蓿地

21. 苜蓿播种之前是否需要做好种子处理？

苜蓿播种前要做好种子处理，主要包括种子清选与种子处理。播种前先用清选机清选种子，使种子的纯净度达到95%以上；然后进行发芽率的检测，一般苜蓿种子的发芽率在75%～95%，根据发芽率确定播种量。如果种子硬实率达到20%以上，需要进行硬实种子处理，大量种子可在阳光下曝晒3～5天或用碾米机进行机械处理，发芽率可提高20%左右，少量种子可用浓硫酸浸种3分钟，或用万分之一的钼酸及万分之三的硼酸溶液浸种，浸种后用清水冲洗干净即可。

22. 为什么要进行苜蓿拌种或包衣？

为提高苜蓿的产草量和维持苜蓿田的高产和稳产，播种前应进行根瘤菌剂接种。接种根瘤菌剂的方法有多种，但目前比较适用的方法是应用根瘤菌剂直接拌种和包衣（图2-8），使用量为500克/667米^2（即1斤/亩）。接种方法如下：

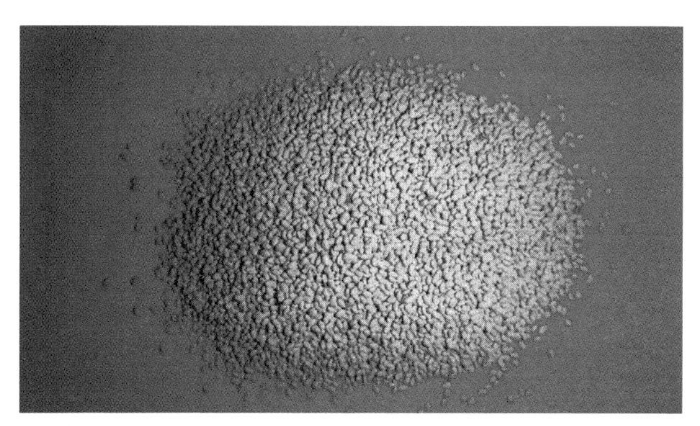

图2-8　苜蓿包衣种子

（1）拌肥　将根瘤菌剂与颗粒有机肥、颗粒磷酸二铵等底肥混拌均匀后与种子一起进行机械播种。

（2）拌种　用适量清水将菌剂浸湿，将种子与菌剂拌匀，使每粒种子表面都粘上菌剂，稍阴干后播种；也可先将种子浸湿，然后将菌剂均匀地粘在种子上，使每粒种子表面都粘上菌剂，稍阴干后播种。

（3）穴施或沟施　将混合菌剂与10千克潮湿细肥土混匀，等量施于穴中或沟中，然后播种。

最简便的方法是取苜蓿地里表土以下5 ~ 20厘米处的湿土三份，混入苜蓿种子两份，均匀混合后播种。在生长季短、气候寒冷的干旱区域，或在沙地及瘠薄土壤上种植苜蓿时，为保证种植成功和有效提高产草量，可将根瘤菌剂、肥料、杀灭病虫的药剂、除草剂、抗旱剂等按比例用黏合剂混合均匀包在种子外面使之丸衣化。也可在市场上直接购买苜蓿接种根瘤菌的种子或包衣种子。

23. 苜蓿选地和整地有什么注意事项？为什么整地时要求上虚下实？

苜蓿是适应性很强的牧草，可以在坡度为25°以下的各种地形和多种土壤中生长，但是产量具有一定幅度的变化。最适宜在地势平坦、土层深厚、中性和偏碱性的壤土或沙壤土上生长。在干旱、半干旱及半湿润地区，各种类型的耕地及植被严重退化的草地、覆沙地、沙地以及含盐度低于0.3%～0.4%、pH为8～9的碱盐地等均可进行苜蓿单播或与其他牧草品种进行混播种植。由于苜蓿不耐涝，所以地下水位的深度应在1米以下，以防止地表积水导致苜蓿根部死亡。目前，为适应畜牧业发展及生态环境治理与建设的需求，苜蓿的种植面积扩大，逐步培育出耐寒、耐旱、耐盐碱和抗风沙品种，在生产中推广应用，苜蓿适应栽培的土壤范围在进一步扩大。生产实践中如果是建立优质、高产的苜蓿人工草地，就必须按要求选择理想的地块，土层深厚、土壤肥沃、酸碱适中，最好有灌溉设施，以达到牧草高产稳产的目的。大面积建设高产苜蓿人工草地时，为适合机械播种和收获，应尽可能选择平坦、开阔的土地；如果在坡地种植，坡度应在15°以下，否则不利于机械作业。因恢复植被而种植苜蓿时，对地形和土壤的要求不必太严格，但要采取必要的技术措施以保证种植成功。

做好秋季深耕整地工作，是防旱保墒、全苗、壮苗，提高产量的一个先决条件（图2-9）。在前茬作物收获后，应先进行浅耕灭茬。经过耙耱，清除根茬，破碎大土块，准备施肥。施足底肥对提高苜蓿产量极为重要，需要每公顷施优质农家肥料45吨以上，而且要施足施匀，大块肥料应打碎打细。

图2-9　深松旋耕一体机

在播种苜蓿前要精细地整地施肥，做到土细、墒平、无杂物。尤其在高海拔地区，争取早耕深耕，是防旱保墒、全苗、壮苗，提高产量的一个先决条件。苜蓿之所以缺苗断垄比较严重，从客观上讲，不外乎是整地粗糙、土壤悬虚、土壤墒情不好和鼠害所致。

土壤太疏松干燥、土壤悬虚时（图2-10），一是容易造成土壤跑墒，二是播种深度不易掌握，三是根系与土壤接触不紧密，影响根系的发育。倘若土壤太悬虚则需要镇压，使耕层土壤紧实，减少土壤空隙，减轻气态水的扩散，增加毛细管作用，把土壤下层水分提升到耕作层，增加耕作层的土壤含水量。倘若在太疏松干燥、土壤悬虚的地上进行播种，易产生吊根死苗现象，造成苜蓿缺苗断垄。因此，在整地时，必须将土壤整成上虚下实的播种床（图2-11）。

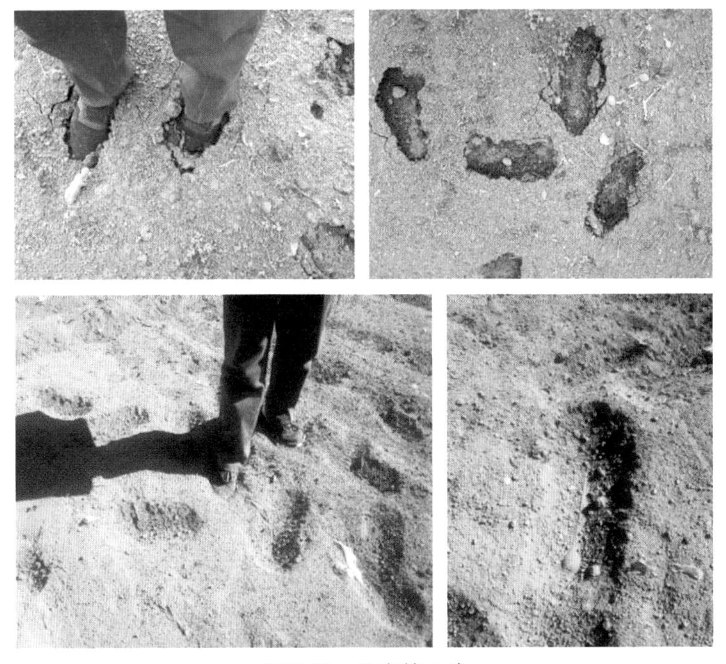

图2-10 悬虚的土壤

图2-11　上虚下实土壤上的苜蓿出苗

24. 如何保障苜蓿苗全、苗匀、苗壮？

首先要为种子萌芽出苗创造一个无土块、无根茬、土地平整细碎、上虚下实和水肥气热协调的良好播种床，要做到早整地、整好地，使土壤水分得到养护。其次，要适时播种、抢墒播种，这是保障苗全的重要环节，只有适宜的土壤水分才可保障种子充分萌发，长出健壮的幼苗（图2-12）。另外，要有足够的土壤

图2-12　生长均匀一致的苜蓿壮苗

肥料，以供幼苗生长所需，视土壤情况施足底肥，以优质农家肥为好；若在土壤肥力差、没有施底肥的地上播种苜蓿要带足种肥，以磷酸二胺为好。具体操作参照《紫花苜蓿种植技术规程》(NY/T 2703—2015)。

25. 如何设计苜蓿的种植密度?

影响苜蓿种植密度（播种量）的因素有很多，如种子质量（发芽率）、种子是否包衣、土壤性状（沙壤土、黏土、盐碱土）、土壤墒情、整地质量、播种深度等。苜蓿种子发芽率在85%以上、土壤墒情适中的沙壤土播种量（裸种子）以18千克/公顷为宜，播种深度要适宜，一般控制在1 ~ 1.5厘米。若土壤墒情不良、整地质量不高等，要适当增加播种量。目前在生产中，苜蓿播种量有增加的趋势，如甘肃酒泉某地，在盐碱地上播种苜蓿(裸种子)，将播种量增加到了27 ~ 30千克/公顷，甚至有时达到了37.5千克/公顷。总之，苜蓿播种量应视情况而定，不是一成不变的。

26. 适合苜蓿的肥料及施肥关键技术是什么?

目前市场上适合苜蓿的肥料种类繁多，但在生产中利用的肥料主要是氮肥、钾肥、磷肥，还有一些微量元素肥料（简称微肥)。苜蓿生长需吸收或消耗大量的营养，表2-1为每生产1吨苜蓿干草（自然风干）大约消耗的营养。进行根瘤菌接种的苜蓿在良好的土壤和气候条件下，具有较好的固氮性，其固定的氮可为苜蓿生长提供约80%的氮营养，其余20%氮营养则需要通过土壤养分维持，若土壤氮营养不足的话，在苜蓿生长过程中提供少量的氮营养也是必需的。

在种苜蓿之前，应对播种地进行土壤养分测定，在苜蓿地施肥前也应对土壤养分进行测定，以决定施什么肥，施多少。

表2-1　生产1吨苜蓿干草大约消耗的营养

营养元素	消耗量（千克/吨）
氮	25
磷（P_2O_5）	5.0
钾（K_2O）	25
钙	15
镁	2.5
硫	2.5
铁	0.15
锰	0.05
硼	0.04
锌	0.025
铜	0.005
钼	0.001

（引自孙启忠，2014）

（1）氮肥　由于苜蓿自身的固氮作用可以满足植株对氮素的需求，所以在苜蓿生产中通常不需要施用氮肥。在土壤含氮量极低的情况下，施用少量的氮肥（11.25 ~ 16.88千克/公顷）可以促进其成株，并在其自身具有固氮能力之前提供生长所需氮素，而施大量氮肥会使苜蓿减产，并会推迟固氮能力的形成。厩肥可以同时为苜蓿生长提供氮和磷两种元素。但种植苜蓿时，接种根瘤菌会使苜蓿具有固氮能力。

（2）钾肥　在土质粗劣的沙质土壤种植苜蓿时，应适量补充钾肥。这些土壤通常需要进行灌溉，且钾肥的施用量会受灌水量和土壤检测结果的影响。钾肥的施用方式视刈割次数和产量而定，一般一年刈割2 ~ 3次的苜蓿地可施钾肥1次；刈割4次以上可施钾肥2次。施肥量视土壤中钾含量而定。

（3）磷肥　为了确定苜蓿对磷肥的需求量，进行土壤检测是非常重要的。在建植苜蓿草地时，为了满足苜蓿生长的需求，最好在耕作前进行施肥，且施肥量应该满足2～3年的需求。在管理条件要求严格，土壤pH较高的情况下，种植者每年均需对苜蓿草地施磷肥。为使磷肥肥效发挥最大作用，应根据土壤检测结果和磷肥参考用量在早春和最后一次刈割后进行施肥。苜蓿根系仅吸收撒施在土壤表面的磷肥，所以为了充分满足苜蓿对磷的需求，进行适当的追肥是非常重要的。

无论是在水浇地、旱地或沙地等种植苜蓿，提高土壤肥力都是至关重要的措施，也是建设优质高产人工草地，提高牧草产量和质量的重要前提。水浇地施肥可以增加土壤有机质含量，提高水分的利用效率；旱地和沙地施肥不但增加土壤养分，使土壤微生物快速繁殖，进一步分解有机质，供给植物吸收利用，而且还能改变土壤理化性状，增加土壤的蓄水性；黏土施肥，可使土壤变得疏松，改善土壤的透气性。

（1）基肥　又叫底肥，结合翻耕整地时施用有机肥（也叫农家肥）和化肥。有机肥一般指人及畜禽的粪尿、厩肥和堆肥等农家肥料，化肥一般施用长效或缓效化肥如过磷酸钙、重过磷酸钙和磷酸二铵等。有机肥施用量没有严格的限定，一般每公顷为15 000～40 000千克；化肥过磷酸钙每公顷为300千克，磷酸二铵每公顷为225～375千克。缺钾肥的土壤还可施入硫酸钾或氯化钾，每公顷为75～105千克；也可以施入草木灰。

（2）种肥　在播种时同种子一起施入垄沟或处理种子的肥料称种肥。其主要目的是满足幼苗期间对养分的需要，以无机磷肥、氮肥和钾肥为主。播种时施在垄沟内，撒播时撒在土壤表面耙一遍再播种。有些化肥可包裹在种子上或用于浸种和拌种。在生产实践中，种肥一般每公顷施磷酸二铵150～300千克，硫酸钾45～75千克。

（3）追肥　在苜蓿生长发育期间，根据需要追施的肥料叫追肥。主要采用速效化肥，可以撒施、条施或穴施，并且一定要结合趟耘培土及灌溉施用，也可进行叶面喷施等。在幼苗期施用氮肥，每公顷施用量为75千克；在分枝期和现蕾期以及每次刈割后施用过磷酸钙，每公顷为150 ~ 300千克，每公顷施磷酸铵75 ~ 150千克、施硫酸钾或氯化钾45 ~ 75千克。根据需要可进行叶面喷施微肥，如过磷酸钙、尿素、微量元素如锌、铁、铜等都可用于叶面喷施。

27. 苜蓿节水灌溉技术是什么？

我国常用的苜蓿节水灌溉方法包括渠道防渗、喷灌和滴灌等，均为人为控制灌溉时机和灌水量，属于“被动式”灌溉模式（图2-13、图2-14和图2-15）。表2-2为苜蓿需水量与产草量。

图2-13 渠道防渗灌溉

图2-14 大型中轴式喷灌

图2-15　地埋式滴灌

表2-2　苜蓿需水量与产草量

水文年	土壤水分	需水量（米^3/公顷）	产草量（千克/公顷）	*K*值（米^3/千克）
湿润年	高	4 335	9 277.5	0.46
	中	3 795	6 337.5	0.60
	低	2 520	3 622.5	0.62
中等年	高	5 310	10 755.5	0.48
	中	3 427	7 515.0	0.52
	低	3 270	4 965.0	0.64
干旱年	高	6 420	12 127.5	0.52
	中	4 215	7 552.5	0.54
	低	2 175	4 230.0	0.50

（引自水利部牧区水利科学研究所，1995）

28. 苜蓿主要病害及其防除技术是什么？

在干旱、半干旱和半湿润地区，苜蓿一般不容易发生严重的病害，但遇特殊气候或年份，仍然会发生一些病害。苜蓿受病害侵染后，茎叶枯黄，或出现病斑，叶片皱缩或残缺不全，甚至脱落，生长不良，导致产量和品质下降，严重时影响次年生长，缩短草地使用年限。因此，在大面积栽培苜蓿时，病害防治是田间管理中需要关注的问题。苜蓿常见病害有：

（1）苜蓿白粉病　是苜蓿的常见病，在西北等地发生较严重。在温暖干燥的气候条件下易发生，发病时苜蓿植株的症状表现：地上部分包括茎、叶、荚果、花柄等均可出现白色霉层，其中叶片较严重。最初病变为蛛丝状小圆斑，后扩大增厚呈白粉状，后期出现褐色或黑色小点（图2-16）。白粉病可使苜蓿降低光合作用，生长缓慢，叶片脱落，牧草产量下降。

图2-16　苜蓿白粉病

发病时小面积的草地或种子田可用硫黄粉、灭菌丹、粉锈宁和高脂膜等按说明进行防治；大面积的草地须及时刈割，收获牧草，切断白粉病的发展路径，减少损失。

（2）苜蓿霜霉病　在东北、华北及西北地区均有发生。在冷湿季节或地区发生严重，春秋两季注意防治。发病植株出现局部不规则的褪绿斑，病斑无明显边缘，逐渐扩大可达整个叶面，在叶背面和嫩枝出现灰白色霉层。枝条节间缩短，叶片皱缩或腐烂，以幼枝叶症状明显。全株矮化褪绿以至枯死，不能形成花序（图2-17）。

发病初期可用波尔多液、代森锰、福美双等喷施，或提前刈割牧草。

（3）苜蓿褐斑病　在苜蓿种植区普遍发生，是苜蓿的严重病害。发病时叶片上出现圆形褐色斑块，边缘不整齐呈细齿状，病叶变黄脱落，严重时植株其他部位均可出现病斑（图2-18）。

图2-17　苜蓿霜霉病

图2-18　苜蓿褐斑病

最好的防治办法是提早刈割牧草，以减轻病害对草地以后的危害程度，种子田可用代森锰锌、百菌清和苯莱特等杀灭病菌。

（4）苜蓿锈病　是苜蓿的常见病，广泛分布于各地的苜蓿种植区，我国东北、华北和西北地区及长江以南均有发生，但以江南发生较严重。锈病主要危害叶片、叶柄、茎和荚果，在叶片背面出现近圆形小病斑，为灰绿色，以后表皮破裂呈粉末状，病叶常皱缩并提前脱落（图2-19）。

防治可增施磷钙肥，增强植株的抗病性，及时刈割牧草。种子田可用代森锰锌、粉锈宁、氧化萎锈灵与百菌清混合剂防治。

图2-19　苜蓿锈病

（5）苜蓿其他病　包括苜蓿根腐病、黄萎病、轮纹病、花叶病等，在北方地区也有发生。

苜蓿病害的防治一般是以预防为主，防治结合。主要是通过增强植株的抗病性的方法如合理灌溉和增施磷、钾及钙肥等，促进苜蓿生长；还可将苜蓿与禾本科牧草混播，降低发病率；实施草田轮作制度，避免连作，种植3～5年苜蓿，翻耕后再种植几年农作物，进行倒茬轮作，防止苜蓿病害的发生；当病害大面积发生时，及时刈割利用；发病的草地不宜作种子田。

29. 苜蓿主要虫害及其防除技术是什么？

危害苜蓿的害虫种类较多，发生时对苜蓿造成不同程度的危害，防治不及时会影响苜蓿的生长发育，造成牧草减产，降低草产品质量。因此苜蓿虫害的防治是一项重要的工作。

（1）苜蓿草地螟　草地螟分布在华北、西北及东北地区，是我国北方草地及农田最多见的害虫种类（图2-20）。其幼虫危害苜蓿等牧草或农作物。近年来由于苜蓿人工草地建设规模扩大，保留面积增加，苜蓿人工草地成为草地螟危害的对象。内蒙古地区一般5月下旬至6月下旬在处于初花期的苜蓿草地中可见草地螟活动，7月上旬为幼虫暴发期，3龄以前采食苜蓿叶肉，3龄后将茎叶啃食为仅残留叶脉；危害严重时，在短短几天内即可将苜蓿叶片啃食光，使草地呈现出灰白色，牧草严重减产。

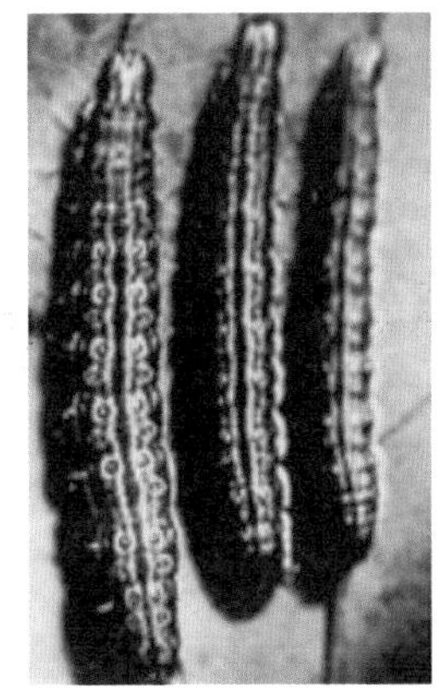
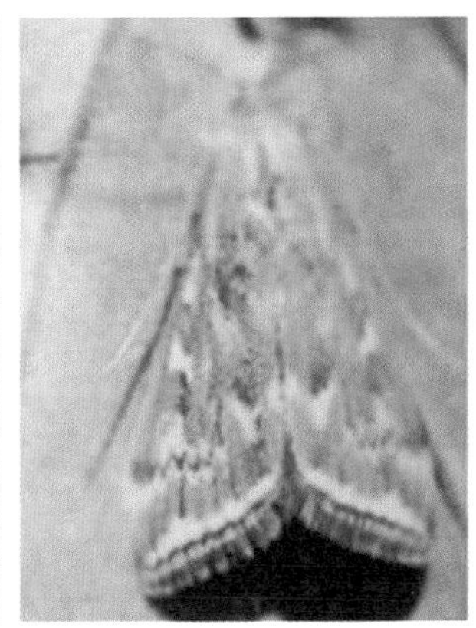

图2-20　苜蓿草地螟

苜蓿草地螟最有效的防治方法是及时收割第一茬草，内蒙古等北方农牧交错区到6月下旬正好是苜蓿收割第一茬牧草的时间，所以应在此时将苜蓿割倒调制干草或进行青贮，使草地螟虫卵不能孵化；及时清除田间、地头及水渠边的杂草，清除其产卵场所；秋季趟耘培土，破坏草地螟蛹的越冬场所；还可用药物进行防治，用百虫杀、速杀2000、马拉硫磷等进行喷施防治，必要时可在成虫期进行一次防治。

（2）苜蓿夜蛾　主要分布在我国东北、华北、西北、华东及华中一些地区，其幼虫对苜蓿等豆科植物危害较严重。在内蒙古地区一般在4月下旬至5月中旬，其幼虫在苜蓿返青时危害苜蓿幼嫩的茎叶，白天3～7条群聚隐藏在苜蓿根部1厘米深度以下的土壤中，晚上8：00—9：00出土活动，到凌晨4：00—5：00停止活动进入土壤中。可连续发生2～3年，一般在第2年发生严重，可扩散至整个苜蓿地（图2-21）。

图2-21　苜蓿夜蛾

苜蓿夜蛾的防治方法一般采用喷施敌百虫粉剂、速杀2000、马拉硫磷、百虫杀等进行喷雾灭虫，但要注意在其活动时进行。

（3）芫菁类　主要是成虫在苜蓿开花时危害苜蓿的花序，使苜蓿开花受阻，不能结实，一般在内蒙古等农牧交错带发生较严重。种类主要是中华豆芫菁，其成虫群居活动，成片状分布啃食苜蓿的花及花序，受惊吓时飞走，多数情况下不会造成严重的危害（图2-22）。

图2-22　芫　菁

芫菁可进行药物防治或人工驱赶，由于其幼虫是蝗虫的天敌，所以在防治时应根据当地的具体情况确定防治措施，在蝗虫多发区一般不进行防治。

（4）蚜虫类　是种类较多、分布广泛的害虫种类。蚜虫多聚集在苜蓿的嫩茎、叶、幼芽和花上，以刺吸口器吸取汁液，被害苜蓿植株叶片萎缩，花蕾或花变黄脱落（图2-23）。苜蓿的生长发育受到影响，危害较重的不能开花结实，植株枯死，影响牧草产量。

蚜虫的防治方法主要是早春耕耘趟地，冬季灌水可杀死蚜虫；苜蓿与禾本科牧草混播、与农作物倒茬轮作、加强田间管理等均能有效预防蚜虫的发生。由于蚜虫的天敌种类及数量较多，对蚜虫的控制作用较强，一般不会发生较严重的危害，因此一般不采用农药进行蚜虫防治。

图2-23　蚜　虫

（5）蓟马类　主要分布在内蒙古和宁夏地区，苜蓿上的蓟马约十几种，主要有牛角蓟马、烟蓟马、苜蓿蓟马、普通蓟马等（图2-24）。蓟马主要危害苜蓿的幼嫩组织如幼叶、花器及嫩芽等，

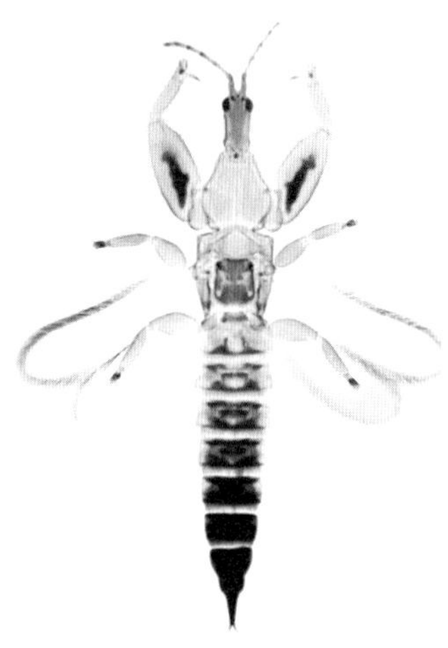

图2-24　蓟　马

主要在苜蓿开花期，发生数量较多。被害叶片卷曲、皱缩或枯死，生长点被害后发黄凋萎，顶芽不继续生长，影响青草产量和质量。蓟马吸食花器，伤害柱头，使花脱落，荚果受害后形成瘪荚脱落，苜蓿种子产量受到严重影响。

防治蓟马可用乐果乳油、菊杀乳油、菊马乳油和杀螟松乳油进行多次喷雾，杀灭效果较好。

（6）苜蓿籽蜂类　苜蓿籽蜂主要分布在内蒙古、新疆、甘肃等地区，只对种子产生危害，对草的产量没有太大的影响（图2-25）。成虫将卵产于幼嫩荚果内种子的子叶和胚中，在种子中孵化，幼虫在种子中发育，对种子危害严重，受害种子皮多为黄褐色、多皱。幼虫羽化，会在种皮上留下小孔。

图2-25　苜蓿籽蜂

苜蓿籽蜂的幼虫和蛹可随种子的调运而传播，所以必须进行防治。播种前用开水烫种0.5分钟或以50℃热水浸种0.5小时，可杀死种子内幼虫，效果较好；同一块地不要两年连续作种子田，收种子和收草交替进行；种子入库后可用二硫化碳和溴甲烷熏蒸。

（7）盲蝽类　分苜蓿盲蝽和牧草盲蝽两种，东北、华北、西北及长江以南部分地区均有分布，前者分布较广泛（图2-26）。苜蓿盲蝽的成虫和幼虫均以刺吸式口器吸食苜蓿嫩茎叶、花蕾和子房，造成种子瘪小，受害植株变黄，花脱

图2-26　苜蓿盲蝽

落，严重影响牧草和种子的产量。苜蓿盲蝽以卵在苜蓿茬的茎内越冬，牧草盲蝽以成虫在苜蓿等作物的根部、枯枝落叶和田边杂草中越冬。

防治苜蓿盲蝽时，在苜蓿孕蕾期或初花期刈割，齐地面刈割留茬，可以减少幼虫的羽化数量，割去茎中卵，减少田间虫口数量；在幼虫期可进行药物防治，用乐果乳油、马拉硫磷或敌百虫等进行喷雾防治。

(8) 金龟子类　金龟子是一类分布广泛的地下害虫，有大黑鳃金龟子、黄褐丽金龟子和黑线鳃多龟子等种类，主要是在幼虫期对苜蓿产生危害（图2-27）。幼虫也称蛴螬，在地下啃食苜蓿的根，也取食萌发的种子。成虫取食苜蓿的茎叶。

图2-27　金龟子

在金龟子发生较严重的地区，苜蓿种植2～3年后倒茬，可减少蛴螬发生量；在整地时，每公顷可施用5%的西维因粉剂30千克，或在播种时随种子每公顷撒播3%的甲基异硫磷颗粒30千克。

(9) 苜蓿叶象甲　主要分布在内蒙古和新疆等地，成虫和幼虫均可对苜蓿产生危害，幼虫的危害较严重，常常在几天之内将苜蓿的叶子吃光，导致植株枯萎和牧草产量减少（图2-28）。

可提早刈割以减少苜蓿叶象甲的危害；也可在成虫期用敌百虫和马拉硫磷喷雾防治。

(10) 叶蝉类　是一类分布极广泛的害虫，以成虫和幼虫群集在苜蓿的叶背面和嫩茎上，刺吸其汁液，使苜蓿发育不良，甚至全部枯死（图2-29）。

在若虫期施乐果乳油、叶蝉散乳油和敌百虫等可防治叶蝉。

图2-28 苜蓿叶象甲

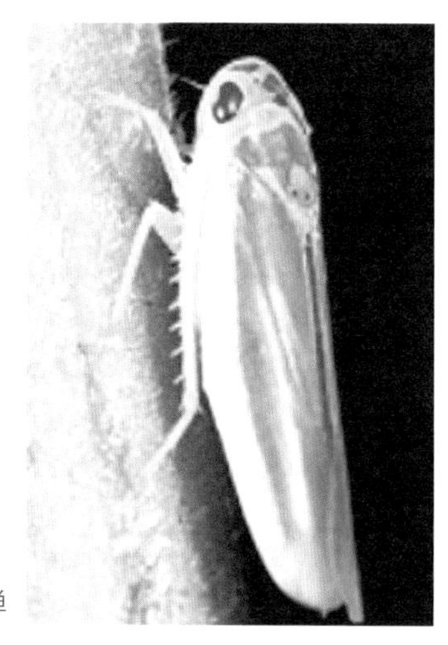

图2-29 叶 蝉

30. 苜蓿地常用的除草剂及其使用方法是什么？

在我国北方苜蓿地内既有双子叶植物，又有单子叶植物，防除杂草时需要多次喷施不同类型的除草剂，喷施后需间隔一段时间，以防止除草剂混合后产生抑制苜蓿生长的成分，致使整个喷施周期延长，造成生产成本增加，效率变低，防除效果不理想。通常在杂草2 ~ 5厘米时喷施除草剂。应用化学药剂防除杂草，用药量应根据天气、土壤和小气候而定。一般干旱、温度较低时或土壤有机质含量较高，除草剂用量应取上限，反之取下限。目前在苜蓿生产中，杂草防除主要使用单子叶杂草除草剂、双子叶杂草除草剂和复配型苜蓿除草剂三种（表2-3）。

表2-3 常用除草剂及其使用方法

类型	名称	适除杂草
防除单子叶杂草	烯草酮、烯禾啶等	稗草、狗尾草、虎尾草、野燕麦等单子叶植物
防除双子叶杂草	咪唑乙烟酸、灭草松、阔功、二氯吡啶酸等	打碗碗花、千穗谷、马齿苋、灰绿藜等双子叶植物

（续）

类型	名称	适除杂草
复配型苜蓿除草剂	咪唑乙烟酸＋灭草松＋烯草酮＋助剂	适用于苜蓿田防除稗草、狗尾草、虎尾草、野燕麦、藜、芥菜、反枝苋、马齿苋、灰绿藜、刺藜、𦵏蓄等一年生或多年生禾本科杂草、阔叶杂草

31. 影响苜蓿安全越冬的主要因素有哪些？如何增强苜蓿越冬性能？

影响苜蓿安全越冬的因素有许多，但主要的因素包括生物因素和非生物因素，主要有苜蓿品种、根颈入土深度、气候、地块条件、农艺措施、刈割制度等。

（1）苜蓿品种　品种是影响苜蓿安全越冬的关键因素，一般黄花苜蓿较苜蓿更耐寒，黄花苜蓿和苜蓿的杂交种鉴于两者之间。国产苜蓿品种在耐寒、耐旱方面比进口苜蓿品种有一定的优势。

（2）根颈入土深度　根颈是苜蓿的再生原，冬季保护根颈尤为重要，所以根颈的入土深度关系到苜蓿能否安全越冬，根颈入土越深越有利于苜蓿安全越冬。

（3）气候　我国北方冬季寒冷、干旱、少雪，给苜蓿越冬带来安全隐患，极端低温（－30℃以下）和无雪或少雪对苜蓿越冬危害极大。

（4）地块条件　主要包括旱地、水浇地、土壤质地、坡向、海拔高度和纬度等。旱地对苜蓿越冬影响较大，特别是高纬度、高海拔干旱地块冬季寒冷、干旱，给苜蓿冬季生存造成极为不利的影响，若无雪覆盖常常使苜蓿受冻而发生冻害；与旱地相比，水浇地冬季条件要好于旱地，特别是可浇上冻水的地，对苜蓿越冬极为有利。

土壤质地主要是指沙地、壤土、黏土地等，由于不同质地的土壤保水性有差异，所以在苜蓿越冬性方面也存在一定的差异，沙地保水性较差，昼夜温差变化较大，特别是在春季苜蓿萌动返青期间，白天夜晚温差变化较大，容易引起苜蓿冻害发生。

坡向主要是指阴坡地和阳坡地等，阳坡地冬季的雪融化较早，与阴坡地相比雪对苜蓿的覆盖时间较短，昼夜温差变化也较大，特别是在早春，苜蓿萌动返青要早于阴坡地苜蓿，容易受冻发生冻害。

（5）农艺措施　主要包括播种时间、平播沟播、病虫草害防治、培土、上冻水、解冻水等，这些因素都会对苜蓿的安全越冬造成影响，特别是播种的早晚对苜蓿安全越冬影响尤为严重，越早播越有利于苜蓿安全越冬；上冻水也是影响苜蓿安全越冬的重要因素，要引起足够的重视。

（6）刈割制度　苜蓿冻害受刈割制度的影响较大，特别是高纬度寒旱区尤为明显，所以刈割要符合当地自然条件，特别是符合苜蓿越冬要求（图2-30）。最后一次刈割后，苜蓿要有35 ～ 40天的生长时间，使苜蓿有足够储备营养物质和越冬保护物质的时间，以提高苜蓿的越冬能力和为第二年返青生长提供足够的营养。

图2-30　未返青的受冻苜蓿

在寒冷干旱地区，苜蓿的冻害防御是一项关键的田间管理措施。苜蓿冻害发生主要因为气候极端干旱，冬季降雪少或无降雪，并且冬春季节风沙大，使苜蓿受到寒冷和干旱的双重胁迫，而导致苜蓿不能安全越冬。有时“倒春寒”也可对苜蓿的安全越冬造成严重的危害。苜蓿冻害的具体防御技术如下。

（1）选择耐寒品种　我国北方地区冬季寒冷少雪，给苜蓿安全越冬带来一定的影响，所以要选择耐寒品种，增加苜蓿自身抵御寒冷的能力，特别是旱作苜蓿，选择耐寒品种显得尤为重要，以国产耐寒苜蓿品种为宜。

（2）适时早播　我国北方生长季节短，要适时早播，尽量延长播种当年苜蓿的生长时间，以便苜蓿得到充分的生长，在秋季积累更多的营养物以利于越冬。

（3）及时进行杂草和病虫害的防治　及早对苜蓿地杂草进行防除，为苜蓿生长创造良好的生长环境，发现病虫应及早防治，以防对苜蓿生长造成危害。

（4）制定合理的刈割制度　苜蓿播种当年以保苗全、促苗壮、保越冬为核心任务，特别是旱地苜蓿尤为重要。刈割视苜蓿生长状况、当地冬季气候和生产条件而定，有灌溉条件的苜蓿可视情况进行刈割，旱地苜蓿建议不刈割为好。生长第二年及之后，最后一次刈割，要在苜蓿停止生长前（落霜前）35 ~ 40天前刈割。

（5）秋季趟耘培土　大多数旱地种植的苜蓿没有灌溉条件，可采取培土的方法进行冬季保护。秋季在土壤墒情较好时进行趟耘培土，可有效防止土壤变干，抵抗冻害的发生。培土厚度一般要求达到6 ~ 8厘米，效果较好，过深影响苜蓿越冬芽萌发出土；过浅不能有效保持土壤温湿度，苜蓿根部的水热条件不能改善，越冬率降低。苜蓿在秋季趟耘培土后，不但提高了越冬率，而且返青后苜蓿长势旺盛，牧草产量有所提高。

（6）进行冬春灌水　许多生产实践表明，苜蓿地的土壤水分对苜蓿的安全返青有很大影响，一些苜蓿冻死的原因主要是由于土壤过于干燥，使苜蓿冻干而死亡；或由于土壤干燥，地温变幅较大，导致苜蓿根茎受冻（图2-31）。土壤湿度大，土壤的热容量也大，在冻融交替中释放较多热量，具有缓冲地温、减小地温变化幅度的作用。土壤墒情好，有利于地表保温，可避免地温的骤升骤降，反之则变化剧烈。在实践中，秋末冬初土壤上冻前浇灌冻水，可以增加土壤水分含量，提高苜蓿的抗冻害能力；在春季土壤解冻后浇灌返青水，可以有效地补充土壤水分，提高苜蓿抵御“倒春寒”的能力。

图2-31　受冻苜蓿

32. 制定苜蓿刈割制度时应考虑哪些因素？

一个地区的苜蓿刈割次数除取决于该地区的苜蓿生长条件和生产管理水平以外，还要考虑产量、品质，以及对苜蓿越冬和第二年第一茬苜蓿产量及持续利用性的影响。众所周知，苜蓿产量与品质成负相关，一般要求苜蓿在初花期进行刈割，此时不论产量还是品质都达到了相对合理的水平，然而现在为了追求苜蓿的高品质［主要是相对饲喂价值（RFV）］，许多苜蓿公司在苜蓿到达现蕾时即开始刈割，由于提前刈割，缩短了苜蓿的生长时间，使北方某些传统意义上苜蓿刈割两茬的地区变为三茬，三茬地区变为刈割四茬，这样对苜蓿第二年头茬产量和苜蓿地的持续利用时间有一定的影响。另外，在苜蓿最后一次刈割时，要考虑当地初霜到来的时间，一般应在初霜出现的前35 ~ 40天进行刈割，这样苜蓿在停止生长前有足够的生长时间积累营养物和越冬保护物质。总之，确定苜蓿刈割制度受许多因素的影响，要综合考虑。

33. 苜蓿什么时期收获最合适?

收割时间对苜蓿的产量和质量有较大影响。主要根据苜蓿各生育期的粗蛋白质等营养物质含量和牧草的产量来确定最佳收割时间。根据生产目的确定收获牧草的产量及质量标准，牧草品质、产量及再生长特性三者均需兼顾。在分枝期和孕蕾期，牧草的营养物质含量较高，但产草量则较低；到开花期和结实期，进入了生殖生长并接近成熟期，牧草的营养物质含量降低，但产草量增加。苜蓿在分枝期的营养物质含量最高，但产草量最低；到达开花末期和结实初期，产草量达到最高，但此时大多数叶片脱落，茎秆老化，营养物质含量则最低，所以除了饲喂猪、禽，鲜草在分枝期收割外，一般不在这两个阶段收割。绝大多数地区苜蓿能收割两茬，第一茬草收割时间的早晚会影响第二茬草的产量和品质。第一茬草收割越晚，第二茬草的产量则越低，并且牧草品质也较差。

综合考虑几方面的因素，苜蓿的适宜收割时间在现蕾期至初花期（现蕾期50%的植株出现花蕾；初花期10%的植株开花），可获得产量既高品质又好的牧草，而且有利于再生草生长。生产实践中可根据不同的用途和收割牧草的机械化程度确定具体收割时间。在进行苜蓿草产品生产出售时，如果种植面积不大，并且机械化收割作业水平高时，可以在初花期刈割，否则应在现蕾期收割；如果种植面积大，用机械收割难以在短时间内割完的情况下，也应在现蕾期收割。在饲喂奶牛时应在孕蕾期到初花期收割，此时牧草茎叶细嫩，含水量较高，蛋白质含量丰富，可以很好地满足奶牛的生产需要（图2-32）；在饲喂肉牛、马、驴、骡和羊等家畜时，可在初花期或盛花期收割，此时牧草的营养物质含量仍较高，相对应牧草产量也高，此时收割的牧草非常适合饲喂这些较耐粗饲的家畜；在饲喂兔时可在初花期前收割；在饲喂猪及鸡、鸭和鹅等禽类时应在苜蓿株高达到40厘米左右的分枝期、孕蕾期收割，此时苜蓿的蛋白质含量丰富，粗纤维含量低，适合猪、禽的生理特点和营养需要。

第二茬草和第三茬草可根据当地的物候期和牧草生长情况，及时进行收割。最后一次刈割时间视地区而定，寒冷地区应在苜蓿停止生长前35 ~ 45天刈割，冬小麦产区应在苜蓿停止生长前25 ~ 35天刈割，给苜蓿留有足够的生长时间，使根部积累更多的营养物质为安全越冬和第二年生长做准备。

图2-32　开花期苜蓿
A.现蕾期　B.初花期

34. 如何测算苜蓿的干物质产量?

对苜蓿干物质产量的测算大体有两种方法，一是目测，二是遥感估测。两种方法都基于苜蓿高度和密度。在进行苜蓿干物质产量测算时，首先要知道苜蓿的株高，一般在正常水肥条件下生长的苜蓿，株高在80 ~ 85厘米时进入开花阶段，这时对苜蓿干物质产量进行测算比较合适。最精准的方法就是先测1米^{2}的苜蓿进行测定鲜草产量，烘干再计算干草产量，这样既简单又快速、准确。

三、苜蓿生产利用设施装备篇

35. 苜蓿种植加工利用装备包括哪些?

苜蓿种植加工利用装备主要包括播种系统、田间管理系统、收获系统和加工系统。

(1)播种系统

①整地设备　包括翻地松土、耙地、耱地等机具和播种机具(图3-1、图3-2和图3-3)。

图3-1　翻地、松土犁

A.四铧犁　B.深松犁

图3-2　深松犁+旋耕犁

图3-3　缺口耙

②播种设备　主要是播种机和镇压器（图3-4和图3-5）。

图3-4　播种机

图3-5　镇压器

（2）田间管理系统　包括灌溉系统和病虫害防治系统等（图3-6和图3-7）。

图3-6　灌溉机

图3-7　喷药机

（3）收获系统　包括割草机、摊晒机、打捆机和裹包机（图3-8至图3-11）。

图3-8　刈割压扁机

图3-9　摊晒搂草机

图3-10　打捆机

图3-11　裹包机

（4）加工系统　包括干燥设备、粉碎设备、青贮设备和成型设备（图3-12至图3-15）。

图3-12　干燥设备

图3-13　粉碎设备
A.粉碎机　B.捡拾粉碎机

图3-14　青贮设备

图3-15　成型设备
A.高密度草捆机　B.青贮压块机　C.高密度压块机　D.颗粒机

36. 如何选择适合的苜蓿播种机?

选择苜蓿播种机可以根据播种方式、平播还是沟播、带种肥播及进口或国产播种机来考虑。

（1）播种方式　我国常见的苜蓿播种方式主要有条播、撒播和穴播，应根据需要选择不同的播种机。目前我国苜蓿播种多以条播为主。

（2）平播与沟播　在条播中根据播种机播种器的不同，又分平播和沟播，应根据当地气候条件和土壤情况选择不同的播种机（图3-16和图3-17）。

（3）带种肥播　苜蓿播种时多采用带肥播种，所以在选择播种机时要选择双箱播种机，即具有种子箱和肥料箱的播种机（图3-18）。

图3-16　平　播

图3-17　沟　播

图3-18　两箱播种机

（4）进口或国产播种机　进口播种机多为大型播种机，适宜地势平坦、地块大的地进行播种；国产播种机可选机型多，适宜大小不同的地块播种（图3-19和图3-20）。

图3-19　进口播种机

图3-20　国产播种机

37. 苜蓿精准播种机种类及其使用方法是什么？

精准播种机主要有两种类型，一种为机械传动式，另一种为真空气吸式（图3-21）。机械传动式播种机分为进口和国产两种。

图3-21　真空气吸式播种机

按照播种方法，可分为条播机、穴播机和撒播机。此外，还有按作业要求设计的联合作业机和免耕播种机等。

（1）条播机　作业时，由行走轮带动排种轮旋转，种子箱内的种子杯按一定的播种量将种子排入输种管，并经开沟器落入开好的沟槽内，然后由覆土镇压装置将种子覆盖压实（图3-22）。

图3-22　条播机

（2）穴播机　按一定行距和穴距，将种子成穴播种的种植机械。每穴可播1粒或多粒种子，分别称单粒精播和多粒穴播（图3-23）。

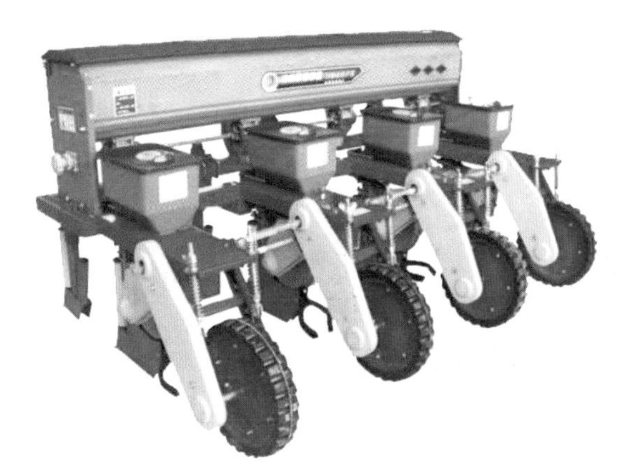

图3-23　穴播机

(3) 撒播机　使撒出的种子在播种地块的整个地面均匀分布的播种机。常用的机型为离心式撒播机，附装在农用运输车的后部，由种子箱及其下方的一个高速旋转的撒布轮构成。

38. 苜蓿田肥料撒施设备及其使用方法是什么?

苜蓿固态肥料撒施机配备链排输送系统和螺旋抛撒装置，其有效撒施作业范围达到12米以上，适用于各种有机肥、牛羊粪、湿粪、干粪、农家肥、厩肥、土杂肥等不同肥料的抛撒作业。苜蓿固态肥料撒施机作业精准，撒肥均匀且高效，维护成本低且经久耐用（图3-24）。

图3-24　苜蓿固态肥料撒施机

39. 苜蓿田喷灌设施及其使用方法是什么?

目前我国苜蓿喷灌中最常见的喷灌设备为中心轴喷灌机，也称时针式喷灌机，是将装有喷头的管道支承在可自动行走的支架上，围绕备有供水系统的中心点边旋转边喷灌的大型喷灌机（图3-25）。在使用前要对系统各部分进行检查，开机前先将已调试的机器认真检查一遍，确定所有部件正常；喷灌机在喷水过程中，如发现塔架车不同步现象，即要停机，需要重新调整，喷灌机运行前需要对行走轮进行调整；当喷灌机正常运行后，喷头随即喷水，若压力调节器或喷嘴有堵塞应立即清理；喷灌机启动时应启动水泵、打开闸阀供水，同时供电；在喷灌机运行中要检查入机电压、频率是否正常；停机要检查闸阀是否关闭。

图3-25　中心轴喷灌机

40. 苜蓿滴灌设施及其使用方法是什么?

苜蓿滴灌是按照作物需水要求，通过管道系统与安装在毛管上的灌水器，将水和苜蓿需要的水分和养分均匀而又缓慢地滴入苜蓿根区土壤中的灌水方法，现有的苜蓿滴灌方法通常是将管道系统埋在地表下进行灌水（图3-26）。

图3-26　苜蓿滴灌系统

41. 苜蓿刈割压扁割草机工作原理和优点是什么？

苜蓿压扁的过程就是将苜蓿茎秆压裂，破坏茎的角质层以及维管束，并使之暴露于空气中，茎内水分散失的速度可大大加快，基本能等同叶片的干燥速度。这样既缩短了干燥期，又使苜蓿各部分干燥均匀。压扁茎秆后干燥比不压扁晾晒干燥速率提高2 ~ 3倍。

压扁机的工作部件由两个水平的、彼此做反方向转动的挤压辊组成。苜蓿从这两个压辊间通过。有弹簧压在一根压辊的轴上，使压辊之间产生压力。当割下的苜蓿以比较均匀的薄层在压辊间通过时，压扁机压辊的工作效率就高。割草压扁机辊的材料有橡胶和钢两种。现有的割草压扁机中压辊有两种组合方式，一种是一个光辊和一个槽辊相配合，其作用以压扁为主，称为压扁辊，其中槽辊常由橡胶制成；另一种称为碾折辊，由橡胶或钢制成，碾折作用较强，适于高秆丰产牧草，当使用钢制碾折辊时，辊棱必须修圆，以免切断牧草茎叶。

目前，市场上常见的割草压扁机以德国CLAAS、美国john deer、法国KUHN产的进口设备为主，国产设备有甘肃产的9GQX-137型前悬挂割草压扁机和新疆产的牧神M系列苜蓿压扁机。

42. 苜蓿翻晒机种类主要有哪些？

（1）多转子水平旋转摊搂草机　多转子水平旋转摊搂草机集水平旋转摊晒机和搂草机特点于一身。搂草时最外侧的两个转子都向内旋转，把草拨向中间两个也向内旋转的转子，在两个挡草屏间形成草条。摊晒时各转子排列成直线，相邻的转子反方向旋转，去掉挡草板。该机械由于对牧草的扰动较小，一般用于豆科牧草，特别是苜蓿草的收获（图3-27）。

图3-27　多转子水平旋转摊搂草机

（2）传带式摊搂草机　传带式摊搂草机的特点是纵向尺寸小，机动性强，能摊晒和搂不规则地块的边角饲草，漏草率低，适合小面积草地应用。

（3）滚筒式搂草机　滚筒式搂草机能够调节滚筒转速、倾斜度和变换旋转方向。作业时弹齿不触地，草不易污染，草条蓬松，适用于高产草地。但在低产天然草地作业时，由于弹齿不触地，细碎茎叶漏草率高。

43. 苜蓿捡拾打捆机种类主要有哪些？

打捆机分为固定式打捆机和捡拾打捆机两类。根据压面的草捆形状可分为方捆机和圆捆机。根据草捆密度分为高密度捆（200～350千克/米^3）、中密度捆（100～200千克/米^3）和低密度捆（<100千克/米^3）。

目前，中低密度的小型方捆机和圆捆机基本上以国产机型为主。特别是中国农业机械化科学研究院呼和浩特分院有限公司生产的9YFQ-1.9型正牵引跨行式方捆机和9YG-1.4型圆捆机是国内内主要使用的机械。在中高密度和大型方捆机领域，则是德国的KRONE和CLAAS，法国的KUHN等进口机械占主导地位。

44. 苜蓿干草大型捡拾打捆机的特点是什么？

大型草捆机具有如下特点：

（1）作业幅度宽，作业效率高。作业幅度均在2米以上，作业效率在4公顷/小时以上。减少了人力的投入，降低了生产成本。

（2）草捆密度（200千克/米^{3}以上）和尺寸（2 000毫米×1 200毫米×1 000毫米）增加，可以直接作为商品草销售、运输，减少了二次压缩环节，降低了加工成本。

（3）智能化、自动化程度高，操控性好，故障率低。

45. 苜蓿割草机有哪几种？

目前，收获苜蓿的割草机基本上都是圆盘式割草演变机。根据其动力不同可分为牵引式割草机和自走式割草机。

（1）牵引式割草机　该类型设备是国内苜蓿收获用的主流割草机。以法国KUHN生产的FC202割草压扁机为例，割草幅度为2米，割盘4个，刀片8个，压扁处理幅度1.3米，草铺幅宽0.7 ~ 1.3米；使用动力29.4 ~ 40.5千瓦（40 ~ 55马力），三点后悬挂，折叠运输，横向展开工作；生产率每小时收割1.5 ~ 2公顷（22.5 ~ 30.0亩）；收割后，通过压扁装置，破坏茎秆的天然蜡质层，并有3 ~ 5厘米折变，加快牧草干燥时间，使其与叶片干燥速度保持一致。该机械对地形的要求不高（图3-28）。

图3-28　牵引式割草机

（2）自走式割草机　自走式割草机一般都是配备前置式割台，作业效率高于牵引式割草机，但是对地面的适应性不如牵引式割草机，刈割留茬高度偏高。其适用于土地平整的人工草地，作业效率高。目前，CLAAS等主流的牧草割草机生产商，已开发出主机带动1台前置式割台、2台侧悬挂割台的组合式割台，作业幅度达8 ~ 9米，单机每日可收获牧草100公顷以上的割草机（图3-29）。

图3-29　自走式割草机

46. 苜蓿青贮原料捡拾切碎机及其使用要求是什么？

当苜蓿青贮原料含水量达到55%～65%时，会采用捡拾切碎机进行原料的捡拾切碎，切割长度控制在1～3厘米。将粉碎后的苜蓿拉运到青贮制作点，准备制作青贮。目前，国内外常用的青贮原料捡拾切碎机有纽荷兰青贮饲料捡拾切碎机、德国科乐收CLAAS青贮饲料捡拾切碎机和德国科罗尼KRONE青贮饲料捡拾切碎机（图3-30、图3-31和图3-32）。

图3-30　纽荷兰青贮饲料捡拾切碎机

图3-31　德国科乐收（CLAAS）青贮饲料捡拾切碎机

图3-32　德国科罗尼（KRONE）青贮饲料捡拾切碎机

为了减少机器使用故障，减少和避免因机械问题引起的安全事故风险，使用时需保证捡拾切碎机技术状态良好，保证作业安全。

（1）增强安全使用意识　只有确保青贮原料捡拾切碎机使用安全，才能发挥其效能。切实提高农机用户和农机操作者的安全生产意识，使他们在思想上重视安全，在行动上注意安全，确保机械在安全的状态下发挥出更大的作用。

（2）对农机的技术状态进行严格检查　每次出车前，都要对机车的技术状态进行检查。认真查看整个机体的表面状态，仔细检查各个部件的状态，尤其是对主要部位更要认真检查，不要因为疏漏使机械存在事故隐患。尤其对于传动设备要反复检查，对于连接处出现松动情况，应马上进行加固，消除一切安全隐患。同时，机械驾驶操作人员也要保持良好的精神状态，使用机车前要精力充沛，不饮酒，不违章操作，落实好各项安全措施。对于陌生的作业区域，应提前进行查看，熟悉作业地点的地形、地势，对复杂条件下的安全作业做到心中有数，对作业过程进行认真地规划，把安全措施落实到位。

（3）驾驶员要具备正确处理安全隐患的能力　驾驶与操作人员必须具有较高的职业素养，具备在复杂条件下安全驾驶机车和准确处理安全隐患的能力。农业机械管理部门应加强对农机驾驶操作人员的培训，注重从遵守交通法律法规、加强安全意识、提高安全操作技能等方面进行教育，使他们对农业机械的性能有更全面的了解，对常见故障能够熟练地处理，对一些安全隐患可以提早发现，及时整改。培训中，专业技术人员应结合农业机械应用情况，对一些实际问题进行现场讲解，亲自示范，增强驾驶操作人员的感性认识和动手能力。另外，培训结束后还应印发一些农机安全注意事项之类的宣传材料，时刻提醒人们重视农机安全生产。

苜蓿青贮原料固定切碎机（铡草机）及其使用要求是什么？

苜蓿青贮原料铡草机分为电机和柴油机拖挂两种，也可配汽油机。铡草机作业时，安全防护设备必须齐全。

（1）操作人员要充分了解机器性能，严禁酒后、带病或过度疲劳时开机作业，工作时人和物不得靠近运转部位。

（2）未满16周岁的青少年及未掌握机器使用规则的人不准单独作业。

（3）铡草机的工作场地应宽敞，并备有防火器材。

（4）喂草时，操作者应站在喂料斗的侧面，严禁双手伸入喂料斗的护罩内。同时要严格防止木棒、金属物、砖石等误入机内，以免损机伤人。

(5) 严禁刀盘倒转。

(6) 铡草机必须在规定的转速下工作，严禁超速、超负荷作业。

(7) 更换动、定刀片的紧固件时，必须用8.8级螺栓以及8级螺母，不得用低等级的螺栓、螺母代替。

(9) 工作时如发现异常响声，应立即停机检查。检查前必须切断动力，禁止在机器运转时排除故障。

(10) 物料喂入量应适当，过多易造成超载停转，过少会影响铡切效率。

(11) 停止工作前，应先把变位手柄扳至0位，让机器空转2分钟左右，待吹净机内的灰尘、杂草后再停机。

48. 苜蓿青贮饲料常见制作方法有哪些？

苜蓿青贮饲料制作常见的方法有固定式青贮窖青贮、拉伸膜打捆裹包青贮、罐装青贮及青贮堆青贮等。

(1) 固定式青贮窖青贮　固定式青贮窖青贮（又名“窖贮”），是生产中最常见、最理想的青贮方式。通常用砖、水泥或者混凝土做材料，窖底预留排水口。尽管青贮窖一次性投资大，但窖坚固耐用，使用年限长，可常年制作，储藏量大，青贮的饲料质量有保证。青贮窖结构简单，成本低，易推广（图3-33）。

图3-33　固定式青贮窖青贮

（2）拉伸膜打捆裹包青贮 拉伸膜打捆裹包青贮是将粉碎好的苜蓿原料用打捆机进行高密度压实打捆，然后通过裹包机用拉伸膜包裹起来，从而创造一个厌氧的发酵环境，最终完成乳酸发酵过程。这种青贮方式已被欧洲各国、美国和日本等国家广泛认可和使用，在我国部分地区也已经开始使用这种青贮方式，并逐渐把它商品化（图3-34）。

图3-34 拉伸膜打捆裹包青贮

A.苜蓿青贮打捆裹包 B.苜蓿包贮

（3）罐装青贮 罐装青贮是国外继窖贮、塔贮技术之后又一项新的青贮技术，是应用专用设备将切碎的青饲物料以较高密度，快速水平压装入专用塑料拉伸膜袋中，利用拉伸膜袋的阻气和遮光功能，为乳酸菌提供更佳的发酵环境，生成富含营养的青贮饲料。这一技术起源于德国，现已在欧美等发达国家广泛应用（图3-35）。

图3-35 罐装青贮

(4) 青贮堆青贮 选择干燥、利水、平坦、地表坚实并带倾斜的地面，将青贮原料堆放压实后，用较厚的黑色塑料膜封严，上面覆盖一层轮胎之后，周边再盖上厚20～30厘米的一层泥土，四周挖出排水沟排水。青贮堆青贮简单易学，成本低，但应注意防止家畜踩破塑料膜而进气、进水造成腐烂（图3-36）。

图3-36 青贮堆青贮

49. 固定式青贮饲料贮存设施建造的注意事项有哪些?

固定式青贮饲料贮存设施一般以青贮窖为主。青贮窖建造时要坚固耐用、不透气、不漏水；采用砌体结构或钢筋混凝土结构建造。选址时一般要在地势较高、地下水位较低、远离水源和污染源、背风向阳、土质坚实、离饲舍较近、制作和取用青贮饲料方便的地方。窖的形状一般为长方形，窖的深浅、宽窄和长度可根据养殖规模、饲喂期长短和需要储存的饲草数量进行设计。青贮窖高度不宜超过4米，宽度不少于6米，以满足机械作业要求长度（40～100米）为宜；日取料厚度不少于30厘米。可根据实际需求量建造数个连体青贮窖或将青贮窖进行分隔处理。窖底部从一端到另一端须有一定的坡度，坡比为1 ：（0.02～0.05），窖墙体呈梯形，高度每增加1米，上口向外倾斜5～7厘米，窖的纵剖面呈倒梯形。在坡底设计渗出液收集池，以便排除多余的汁液。一般每立方米窖可青贮苜蓿650 ~ 750千克。另外，青贮窖建造过程中应考虑增设排水装置，以防雨水渗入。

50. 苜蓿拉伸膜打捆裹包机种类主要有哪些？

目前，国内苜蓿拉伸膜打捆裹包机主要有固定式大型青贮打捆包膜一体机、小型青贮打捆裹包一体机。

（1）固定式大型青贮打捆包膜一体机　集打捆、缠膜功能与一体，自动化程度高，适合大规模苜蓿青贮饲料的制作，打捆密度高，成捆密度≥700千克/米^3，发酵质量好。缺点是只能定点作业，需要配套牧草收获、破碎机械及进料设备（图3-37）。

图3-37　固定式大型青贮打捆包膜一体机

（2）小型青贮打捆裹包一体机　与大型打捆包膜一体机相比，自动化程度略低，适合较小规模苜蓿青贮饲料的制作，打捆密度较高，发酵质量好。缺点是只能定点作业，需要配套牧草收获、破碎机械及进料设备（图3-38）。

图3-38 小型青贮打捆裹包一体机

目前国内逐渐开始使用一些非固定式裹包机种类，如自走式草捆缠膜机和悬挂式草捆缠膜机（图3-39）。适用于小块地及丘陵山地收获作业，自动化程度高，缠膜密封性好。作业时需要匹配田间自走式牧草收获打捆机（图3-40）。

图3-39 苜蓿草捆缠膜机

A.自走式草捆缠膜机 B.悬挂式草捆缠膜机

图3-40 自走式牧草收获打捆机

51. 苜蓿罐装青贮装备及其特点是什么？

苜蓿罐装青贮主要是由青贮饲料袋式灌装机完成（图3-41）。与传统的窖贮设备相比，该设备具有以下特点：无需建窖；制作和贮存场地的机动性大，可有效地利用闲置空地；机械设备能流动作业，制作量可多可少，对养殖规模的适应性广；密封性好，青贮质量高，无边角、封口部霉烂和失水等损失。

图3-41　青贮饲料袋式灌装机

在作业时，需要青贮饲料收获机、青贮饲料拉运车、喂料平台、袋式灌装机及相应的大中型轮式拖拉机、装载机作为配套动力。

52. 苜蓿青贮添加剂喷洒装置应具备哪些条件？

理想的青贮添加剂喷洒装置应与青贮机械配套使用，包括储液桶、与储液桶联通的软管及与软管相连、设置在青贮机械抛料筒上的喷头。上述连接管道上依次安装有过滤器、液泵和流量计，其中过滤器装于靠近储液桶一侧，以防添加剂中杂质堵塞喷头。

液泵使储液桶内的青贮添加剂可以更好地被输送到喷头处，确保雾化效果。流量计可以根据需要量调节添加剂喷洒速度。将喷洒装置与青贮机械的抛料筒相结合，在青贮饲料经过抛料筒的时候加入青贮添加剂，不仅提高了喷洒效率，还能使青贮添加剂更加均匀地与青贮饲料混合，提高了喷洒质量。青贮添加剂喷洒装置可与具有抛料筒的多种青贮机械配套使用，如青贮饲料收获机、铡草机等（图3-42）。另外，在生产过程中，青贮添加剂喷洒装置也可安装于进料口或牧草传送装置上。

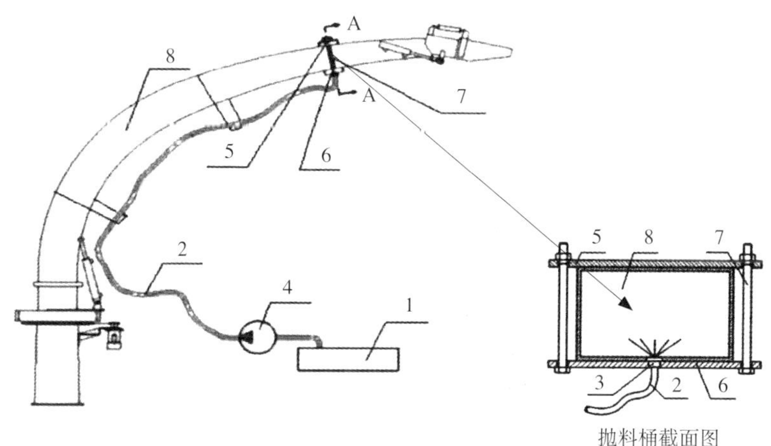

图3-42　青贮添加剂喷洒示意（专利号：CN203597374U）
1.储液箱　2.软管　3.喷头　4.液泵　5.上夹持板　6.下夹持板
7.紧固螺栓　8.抛料桶内侧截面

53. 苜蓿草产品（干草捆、裹包青贮）装载机种类及其特点是什么？

苜蓿草产品加工过程中最常见的装载机主要分成四类（图3-43）。

（1）夹抱装载机　在装载机前端配置有一个横向抱夹装置。可以在短时间内将大量的苜蓿夹抱到粉碎机进行粉碎工作，极大地提高了工作效率。

（2）普通装载机　在装载机前端配置有一个铲斗。裹包时，其主要作用是不断地将粉碎好的苜蓿添加到打捆机里，保证打捆机正常运行。

（3）夹包装载机　在装载机前端配置有一个纵向的圆捆抱夹装置，主要应用在青贮苜蓿圆捆（裹包）的搬用工序上。其机动灵活，可以实现青贮牧草圆捆的搬运、堆垛及装卸等工作。

（4）取料装载机　在装载机前端配置有一个螺旋式切割取料器，适用于牛场或养牛小区青贮坑青贮饲料的装取。切面平齐，可以提高青贮品质，有效防止二次发酵和日晒雨淋，降低奶牛发病率；适合各种规格青贮窖；自走式设计，方便现场操作；减少劳力、劳动时间，降低劳动强度；电力驱动，大大降低取料成本。

图3-43　装载机

A.夹抱装载机　B.普通装载机　C.夹包装载机　D.取料装载机

54. 苜蓿青贮用塑料薄膜种类及其特点是什么？

苜蓿青贮用塑料薄膜一般分为两类：青贮窖贮膜和青贮打包膜（传统的黑白膜）。

青贮窖贮膜是专门为窖贮青贮而设计的专用膜，比如巴斯夫RKW二合一青贮隔氧膜，就是非常典型的窖贮膜。使用时不需要铺设其他防水膜，隔氧性能好，可以单层使用。一般使用寿命至少可达24个月。

青贮打包膜是专门为青贮裹包而设计的专用膜，其在使用过程中主要有以下特点：薄膜表面有黏性，层次间黏结性好；包装不透氧，不透水，形成内部厌氧环境；薄膜有足够的强度，包括拉伸强度、耐撕裂强度和耐穿刺性，保证牧草青贮过程中不破损，保持厌氧环境；膜柔软，耐低温，寒冷环境下不脆化、冻裂；薄膜不透明，保证透光率低，并避免热积累；使用寿命长，包装好的草捆可野外存放1～2年；可根据客户要求生产各种颜色。

通过对两者技术数据对比，发现两者不可互相代替使用（表3-1）。

表3-1 青贮膜技术数据对比

序号	对比项目	巴斯夫青贮膜	传统青贮膜
1	层数	PA真空膜、PE保护膜双层	仅PE保护膜
2	厚度	100微米（80微米PE青贮膜，20微米PA真空膜）	25微米
3	单层使用	可以	多层缠绕
4	窖贮膜	可以	不可单独使用
5	颜色	黑、白、绿	黑、白、绿
6	延伸率	620%～780%	400%～600%
7	透明度	不透明	不透明
8	贮存周期	24个月	12～18个月

55. 苜蓿青贮用压实装备及其特点是什么?

苜蓿青贮用的压实装备主要有链条式挖掘机、轮式装载机和拖拉机。轮式装载机的特点是机动性好，转场方便，操作灵活，碾压面平整光滑，不易破坏墙体和塑料膜，但缺点是爬坡能力较弱。链条式挖掘机的特点是爬坡能力好，但压窖作业面短，如果使用链轨式设备，最好再配备装载机用来推料，链轨设备只在青贮上面作业。拖拉机的特点是简单易上手，能够在狭窄的施工空间灵活进行作业。

无论使用何种压实设备，都要注意苜蓿青贮装填要层层压实，尤其要注意窖的四周边缘和窖角的压实，长方形青贮窖在拖拉机漏压和压不到的地方，一定要用脚踩实。压实的作用是排出空气，为青贮创造厌氧乳酸菌发酵的条件。紧实与否是青贮成败的关键。青贮原料装填越紧实，空气排出越彻底，青贮的质量就越好。

56. 苜蓿草粉粉碎机种类及其特点是什么?

常见苜蓿草粉粉碎机包括锤片式、爪式和对辊式三种。

（1）锤片式粉碎机　是利用高速旋转的锤片击碎牧草饲料。锤片式粉碎机工作时，物料由进料管进入料斗，经过磁选器时除去其中的金属杂质，通过导向机构，进入到粉碎室，受到高速旋转的锤片打击飞向筛片，受到撞击的同时又受到摩擦作用，反弹后又受到高速旋转的锤片打击。经过反复的打击、撞击和摩擦，逐渐将物料粉碎，在离心力和气流的作用下，被粉碎的物料经筛孔落下，经出料口、排料设备排出。其特点是结构简单、通用性好、适应性强、生产率高、粉碎粒度好、使用安全，在饲料行业中应用较为普遍；缺点是体积庞大、动力消耗大，工作时噪声和粉尘比较大（图3-44）。

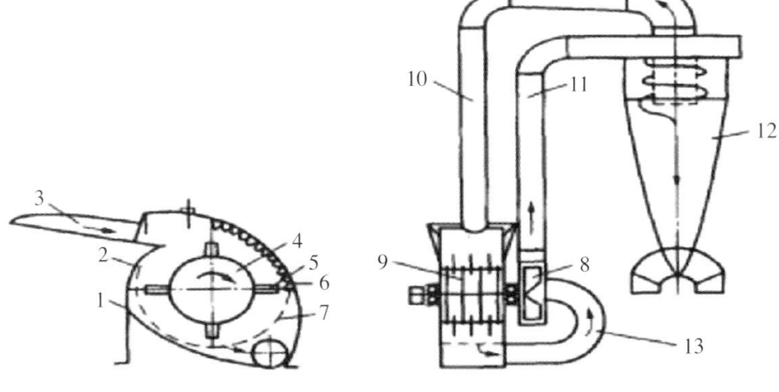

图3-44 锤片式粉碎机结构示意（引自宋建农，2006）
1.下机体 2.上机体 3.喂料斗 4.转子 5.锤片 6.齿板 7.筛片
8.风机 9.锤驾板 10.回料管 11.出料管 12.集料管 13.吸料管

（2）爪式粉碎机 是利用固定在转子上的齿爪将原料击碎。爪式粉碎机作业时，苜蓿原料由喂料斗经插门流入粉碎室，受到齿爪的打击、碰撞、剪切及搓擦等作用，将苜蓿原料逐渐粉碎成细粉，同时由于高速旋转的动齿盘形成气流，使细粉通过筛圈吹出。爪式粉碎机虽然没有锤片式粉碎机使用普遍，适应性也差，但机型结构紧凑、体积小、重量轻，特别对粉碎细粉的效果较好（图3-45）。

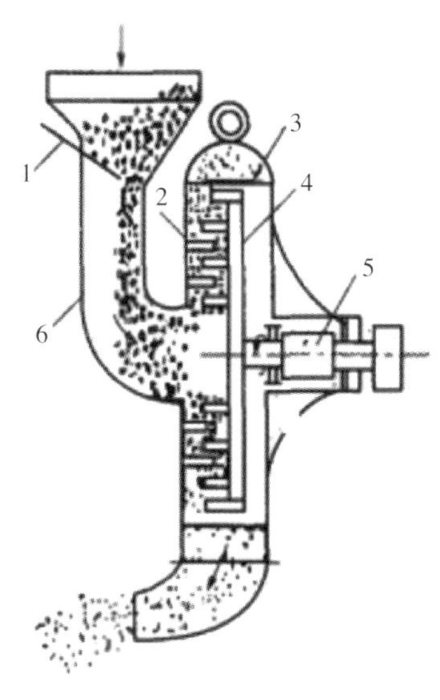

图3-45 爪式粉碎机结构示意（引自宋建农，2006）
1.进料控制插门 2.定齿盘 3.环筛
4.动齿盘 5.主轴 6.喂入管

（3）对辊式粉碎机 是由一对回转方向相反、转速不等的带有刀盘的齿辊进行原料粉碎。对辊式粉碎机工作时，物料通过两辊之间受到锯切，研磨而粉碎，粉碎的程度可根据需要进行调节。对辊式粉碎机具有生产率高、功耗低、调节方便，加工过程中物料温升低等特点。在饲料行业中，对辊式粉碎机大多用于二次粉碎作业的第一道粉碎工序（图3-46）。

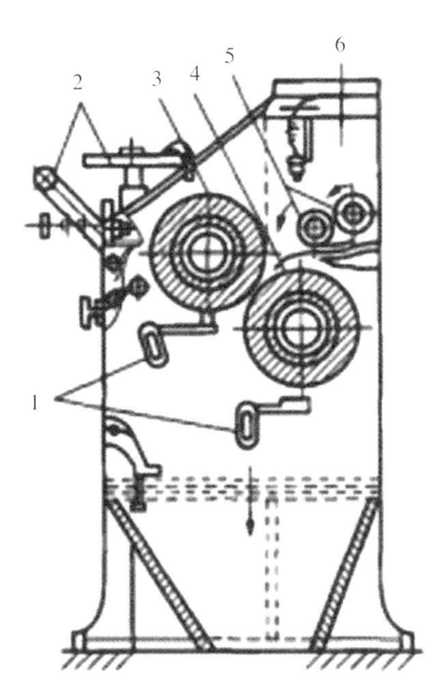

图3-46 对辊式粉碎机结构示意（引自宋建农，2006）
1.清洁刷 2.刷的调节机构 3.上辊
4.下辊 5.喂入辊 6.喂入斗

57. 苜蓿颗粒压粒机种类及其特点是什么？

压粒机又称颗粒机、制粒机等。按压粒机的结构特征可分为平模式与环模式两种。

（1）环模式压粒机是由螺旋供料器、搅拌器和压粒器等组成。

螺旋供料器起送料作用，供料器螺旋采用无极变速，便于物料的供料量的调节。物料经供料器进入带螺旋叶片的搅拌器，将物料搅拌均匀，并在搅拌过程中加蒸汽、水或糖蜜进行混合调制，然后供给压粒器进行压粒。进入压粒器的调制好的物料被撒料器均匀分布于压辊之间，被压辊嵌入、挤压，并通过压模孔连续的挤压成形，从钢模外壁挤出，被切刀切成圆柱形颗粒。环模式压粒机的特点是环模和压滚上各处线速度相等，即无额外的摩擦力，所有压力都被用于制粒，效率较高。环模式压粒机有卧式和立式两种。应用较多的是卧式环模压粒机，其优点是可选择和更换不同孔径的环模与滚轮，切刀调整方便、轴承密封好，不易污染饲料；但耗能高、制造复杂，使用技术要求也高（图3-47）。

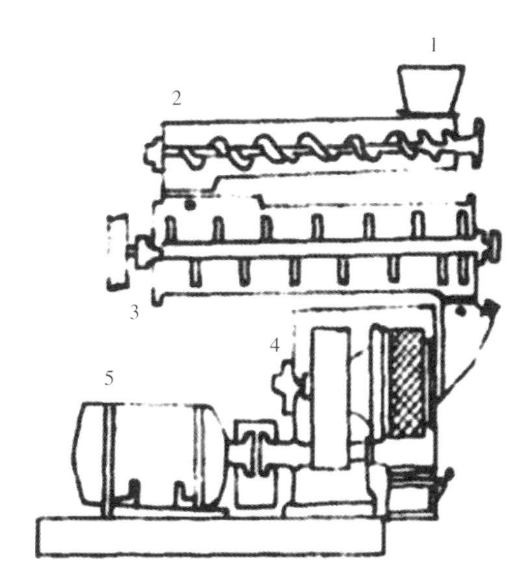

图3-47　环模式压粒机结构示意（引自宋建农，2006）
1.料斗　2.螺旋供料器　3.搅拌器　4.压粒器　5.电动机

（2）平模式压粒机是由供料输送器、搅拌调制器和压粒器等组成，在结构上与环模式压粒机相比，供料器和调质器相似，而压粒器存在差异：环模压粒器的压辊是沿着环模圈做圆周回转，而平模式压粒器则压辊在平板上做圆周运动。平模式压粒机的特点是结构简单、易于制造、造价低廉。但压粒时平模上内外径的线速度（圆周速度）不相等，在平模上的原料受到大小不同的离心力，使工作面上的负荷不均匀，所以平模直径不宜过大，否则会影响成品的均匀性(图3-48)。

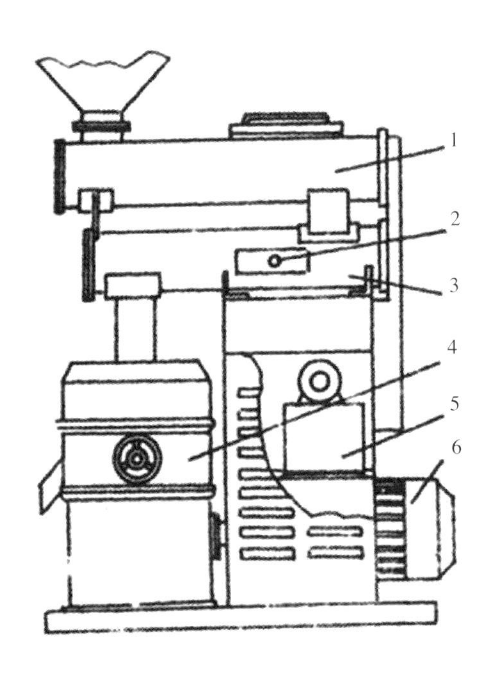

图3-48　平模式压粒机结构示意（引自宋建农，2006）
1.供料输送器　2.蒸汽口　3.搅拌调制器　4.压粒器
5.蜗轮减速箱　6.电动机

四、苜蓿干草制作篇

58. 哪些地区适合调制优质苜蓿干草？

根据农业农村部印发的《全国苜蓿产业发展规划（2016—2020年）》可知，到2020年年末，我国苜蓿草留床面积约40万公顷，年产干草360万吨。苜蓿种植地主要集中在西北、华北和东北，其中甘肃、内蒙古、宁夏、新疆和陕西等地的苜蓿种植面积占全国的65.0%～70.0%。

为什么降水量更充沛，光、温条件更有优势的东南、华南、西南地区没有成为苜蓿干草生产的主产区，而是气候条件相对较差的北方地区成为了苜蓿干草的主产区呢？这跟苜蓿干草生产的特点密不可分。虽然好的降水条件和光、温条件有利于苜蓿的生长，但是降水偏多会影响苜蓿的干燥速度，甚至因为雨淋导致调制干草失败。而北方地区，降水量相对偏少，合理规划苜蓿收获和干草调制进程，是可以调制优质苜蓿干草的。当然，也不是所有的北方地区都适合调制商品用优质苜蓿干草。无霜期过短（100天以内）的地区苜蓿生长受到影响，无法收获三茬草，总产量过低，经济效益无法得到保证。例如，内蒙古大兴安岭以北地区和新疆阿尔泰山脉以北地区，就不适合种植苜蓿，生产商品苜蓿干草。

综上所述，冬季有降雪、夏季高温少雨、地表水和地下水丰富的地区最适合调制优质苜蓿干草。

59. 苜蓿干草加工工艺流程一般包括哪些环节？

苜蓿干草田间收获调制工艺流程包括刈割压扁、散草、翻草、搂草和捡拾打捆环节。

（1）刈割压扁　指在适时刈割期采用刈割压扁机收获饲草。牧草茎经过压裂后干燥所需时间与未压裂的同类牧草相比，前者仅为后者所用时间的1/3～1/2。

（2）散草　散草（摊晒）作业应在刈割后2小时进行，此时苜蓿含水量较大，叶片柔软，损失最小。

（3）翻草　在搂草后1天、牧草含水量为25%时进行翻草作业。

（4）搂草　根据苜蓿种植密度的不同，采取不同的搂草作业策略。种植密度较小时，当苜蓿晾晒至含水量为40%～50%时，搂成松散的草垄继续干燥，一般在刈割后2～3天或完成散草作业后24～48小时后进行；种植密度较大时，将苜蓿晾晒至含水量为15%～18%时搂草，然后直接捡拾打捆（图4-1）。

图4-1　多转子耙式搂草机作业示意

（5）捡拾打捆　当苜蓿含水量达到15%～18%时进行打捆作业，此时打捆损失较小且不易发生霉变，通常在搂草作业24～72小时后进行。打捆前，要求苜蓿必须干燥均匀而无湿块、乱团，以防止湿块和乱团发霉。需认真检修和调试机具。水分含量相对较高时，建议打成小草捆，草捆密度不宜过高，以免内部水分不易散失，引起发热霉变（图4-2）。

图4-2　捡拾打捆机作业示意

60. 调制苜蓿干草前应做好哪些准备工作？

调制干草前需要准备的工作包括掌握天气变化、物资准备、机械准备、库房准备和人员培训。

（1）掌握天气变化　根据当地的中长期天气预报，掌握未来7～10天内的天气变化规律，确保在苜蓿收获调制期间无降雨或降雨概率很小。

（2）物资准备　准备好牧草收获过程中需要用到的燃油、捆绳、干草添加剂（抗氧化剂）等物资，保证收获开始后物资供应充足。

（3）机械准备　根据收获面积、规定收获调制时间和机械作业效率，做好刈割、散草、翻晒、搂草和捡拾打捆机配制计划，并及时清洁和维修各种机械，准备好充足的易损件。

（4）库房准备　将库房中残存的枯草和其他杂物进行彻底清理，并用高锰酸钾稀释液或乙醇消毒液进行消毒。打开窗门和顶部换气扇，进行库房通风。

（5）人员培训　除了必要的收获前的动员和说明外，凡是有新技术和新设备应用，或者新员工入职时，需开展必要的人员技术、安全和纪律培训，保证各种收获调制作业的有效衔接，按计划完成收获调制工作。

61. 调制苜蓿干草时，对苜蓿生育期有什么要求？

调制苜蓿干草时一般需要考虑其单位面积可收获的干草产量和营养价值。不同生育期苜蓿的产量和营养价值存在一定的差异。随着苜蓿的生育期由营养期向结实期递进，其干草产量呈逐步增加的趋势；其粗蛋白质含量呈现先增加后下降的趋势，在孕蕾期达到最高；纤维类物质持续增加，导致RFV（相对饲用价值）持续下降（表4-1）。

表4-1 不同生育期苜蓿营养成分含量（干物质基础）

生育期	干物质（%）	产量（千克/公顷）	粗蛋白质（%）	中性洗涤纤维（%）	酸性洗涤纤维（%）	RFV
营养期	21.75	5 684	17.28	35.28	30.26	172.2
孕蕾期	27.19	8 078	19.75	37.85	32.31	156.6
初花期	30.22	9 636	18.06	41.26	35.43	138.2
盛花期	34.84	9 713	17.92	43.94	37.82	125.8
结实期	28.08	10 021	13.80	46.89	40.05	114.5

（引自李光耀等，2015）

因此，在调制苜蓿干草时，一般会选择在产量和营养价值兼优的孕蕾末期至开花初期刈割。

62. 调制苜蓿干草时，如何判断最佳收割期？

一般包括生育期判断法和生长高度判断法。

（1）生育期判断法 苜蓿在调制干草时，其最适合的收获生育期是孕蕾至开花初期，该时期干草产量和营养物质含量均较高。开花初期是指大田内约有10%的株丛进入开花状态的时期（图4-3）。

图4-3 初花期苜蓿株丛示意

在具体生产中，有些企业为了提高收获苜蓿草的营养价值，会将收获期提前至孕蕾期收获。该措施能够有效提高苜蓿干草的营养价值，但是也会付出5%～10%的产量损失代价。

（2）生长高度判断法 美国部分苜蓿草生产商收获苜蓿草时，不按生育期判断刈割期，而是用牧草的高度判断收获期。甚至为此还研发出一种三棱面的测量尺，A面位可判读苜蓿的生长高度，B面位可判读苜蓿的粗蛋白质含量，C面位可判读苜蓿的RFV值。将三棱尺插在地面，通过判读苜蓿生长高度达到的位面显示的粗蛋白质含量和RFV值，确定是否进行收获。按高度收获一般会在苜蓿生长高度达到75 ～ 85厘米时刈割。

在宁夏银川进行的苜蓿初花期和80厘米生长高度刈割对比试验结果见表4-2。按生长高度收获的苜蓿比按生育期刈割的苜蓿干草产量多821.7千克/公顷，CP（粗蛋白质）含量高2.37个百分点，RFV值高1.28个百分点。

表4-2　苜蓿按80厘米高度和初花期收获后产量和品质比较

处理期	鲜草产量（千克/公顷）	干草产量（千克/公顷）	CP含量（%，以干物质计）	RFV值
80厘米生长高度	21 134.25	6 288.75	18.52	148.60
初花期	18 623.85	5 482.05	16.15	147.32

63. 不同苜蓿主产区应刈割几次？

刈割茬次数量不仅关系到苜蓿的品质和产量，而且对苜蓿的后续生长影响很大。刈割茬次太少，使得苜蓿刈割时间处于生长后期，收获的苜蓿不仅品质和适口性差，而且直接影响草的再生和总产量；刈割茬次太多，根系中积累的营养物质不足，影响苜蓿的再生和第二年的返青。

在内蒙古南部、宁夏、甘肃地区一年收获四茬较为合适。在内蒙古中东部的赤峰地区，一年刈割二茬苜蓿的营养成分和RFV值与一年刈割三茬的RFV值均相近，而结合草产量指标后，则一年以刈割三次最好，刈割四茬存在一定的越冬风险。

64. 苜蓿刈割留茬高度怎么控制?

美国等国家一般采用10厘米留茬方法收获苜蓿，此方法收获牧草灰分低、调制干草干燥速度快。而国内收获苜蓿时，一般的刈割留茬高度在5厘米左右，虽然饲草收获量较高留茬略高一些，但是饲草品质却低很多。留茬10厘米，虽然苜蓿干草收获量降低，但是在如今苜蓿干草以质论价的新形势下，高留茬可获得的经济效益却高于低留茬（表4-3）。

表4-3　不同刈割留茬高度苜蓿全年草产量及品质分析

留茬高度（厘米）	全年鲜草产量（千克/公顷）	全年干草产量（千克/公顷）	CP含量（%，以干物质计）	RFV值
0～3	60 355.05	18 040.35	14.99	139.25
3～5	58 410.00	17 193.30	13.84	127.89
10以上	52 603.95	15 118.35	16.54	141.36

65. 苜蓿干草调制时对天气有何要求?

调制苜蓿干草的最根本、最重要的天气条件是：不要下雨。所以在开始收获苜蓿之前的半个月，要收集当地的各种气象数据和中长期天气预报，综合分析和判断，保证苜蓿收获调制时期降雨概率极低。

另外，苜蓿干草调制需要一定的高温和风速助攻。当环境中的温度在25～32℃，风速在2～3级时苜蓿干燥速度最快。温度过高，会导致牧草表皮上的气孔过早闭合，水分散失速度降低，发酵和霉烂速度增加。适度的阳光照射有利于牧草的干燥，但是阳光照射强度过高，会使牧草叶绿素氧化分解速度加快，牧草被“漂白”，感官品质下降。

66. 怎样进行干草田间晾晒？

种植密度比较高的时候，一般在刈割后的2小时之内，用抛撒机将苜蓿平铺于地表进行晾晒。散草要均匀，厚度一致，使苜蓿干燥速度尽量同步，散草时抛撒机行走速度要适宜。

如苜蓿干燥速度较快、草垄上下部分干燥基本均匀、无湿团或土块，翻草和并垄可同时进行。将两行草垄并为一行，进一步加快打捆时的捡拾速度，同时可减少叶片掉落。翻草并垄作业应在空气湿度较大的夜间或清晨进行。

67. 苜蓿干草打捆对原料水分的要求是什么？

苜蓿干草捆的安全贮藏含水量为15%。但原料含水量为15%时，田间捡拾打捆，叶片脱落损失严重。因此，建议原料含水量在16% ~ 18%时，采用低密度捡拾打捆机，捆裹为草捆。然后将草捆置于田间或可通风的草库继续干燥至安全含水量。在销售前，将低密度草捆用固定式高密度压捆机压缩为高密度草捆。

如果田间捡拾打捆时，采用的机械是CLAAS、CRONE和KUIIN的大型中密度草捆机，则原料含水量必须达到15%才能打捆，否则会因原料水分超标且无法散失，草捆内部发霉。

一般采用方型捡拾打捆机捡拾打捆。低密度方捆机可在原料含水量16% ~ 18%时捡拾打捆，中密度大型草捆机只能在原料含水量达到15%以下时捡拾打捆。无论哪一种打捆机，都建议在清晨和傍晚原料返潮时期捡拾打捆，降低原料叶片的损失。

68. 苜蓿干草捆怎样贮藏？如何防霉？

苜蓿干草入库码垛遵循两个基本原则。一是低水分在内，高水分在外。即含水量达到安全含水量以下的堆垛于库房深处，含水量略高的则对堆垛于外侧，以利继续干燥。二是先入先出，后入后出。即虽然需要根据含水量的不同将草捆分为内外堆放，但是不同批次草捆之间要有明确的区域划分，不能混合存放。保证先入库的草捆先运输出去，避免长时间贮存导致不必要的损失。

苜蓿干草码垛时，如果水分高于安全含水量，最好采用“品”字形单行堆垛法，且草捆间的间隙不小于15厘米（图4-4）。

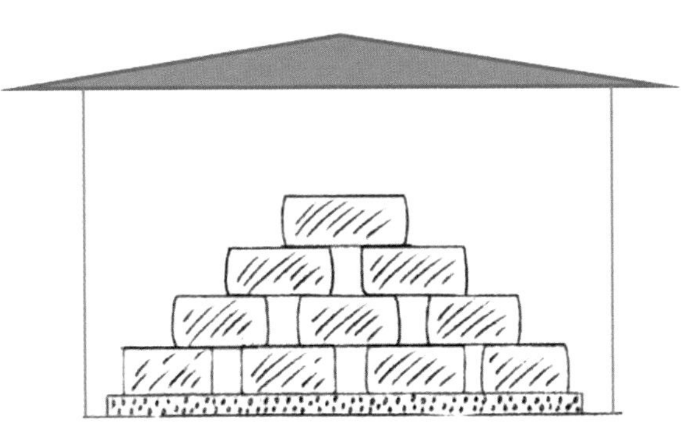

图4-4　苜蓿草捆“品”字形堆垛示意

草捆防霉措施包括调制过程中的措施和贮藏过程中的措施。调制过程中一般采用草捆表面喷施丙酸盐形成保护层，减少霉菌的侵染。贮藏过程中的防霉措施包括：①对草库进行清洁消毒，减少库房污染；②增加垫层，防止草捆吸潮霉变；③监测草捆含水量和库房湿度变化，及时采取对应的措施。

69. 苜蓿干草库的选址及建设注意事项是什么？

苜蓿干草库的建造地址，首先要远离生活区，并在库房周边建立围墙，并用醒目的匾牌提示防火事宜。其次，地址要选择在地势高、易通风的地方。

库房地面最好铺设防水布后水泥浇筑，同时用空心水泥板或木架作为草垛基部垫层，防止草捆吸潮。草库如果四周密封，则在草库的底部设置50厘米左右可拆装的通风遮挡墙，上部与顶部之间也要留一定距离的通风部位。如果是简易的草棚，没有围挡，则顶部的防雨房檐要尽量长一些，堆垛时尽量向内集中码垛，与草棚外侧最好保持1米以上的距离。

70. 苜蓿有哪些人工干燥措施？

（1）鼓风干燥法　把刈割后的苜蓿压扁并在田间预干到含水50%时，装在设有通风道的干草棚内，用鼓风机或电风扇等吹风装置进行常温鼓风干燥。这种方法可有效降低苜蓿营养物质的损失。

（2）高温快速干燥法　将苜蓿鲜草切短，通过高温气流，使苜蓿迅速干燥。干燥时间的长短，决定于烘干机的种类和型号，从几小时到几分钟，苜蓿的含水量从80%～85%下降到15%以下。接着将干草粉碎制成干草粉或经粉碎压制成颗粒饲料。有的烘干机入口温度为75～260℃，出口温度为25～160℃；也有的入口420～1 160℃，出口60～260℃。最高入口温度可达1 000℃，出口温度下降20%～30%。虽然烘干机中热空气的温度很高，但苜蓿的温度很少超过30～35℃。人工干燥法使苜蓿的养分损失很少，但是烘烤过程中，蛋白质和氨基酸会受到一定的破坏，而且高温可破坏苜蓿中的维生素C。胡萝卜素的破坏不超过10%。

（3）太阳能干燥法　太阳能干燥的原理是将牧草刈割后在田间进行自然干燥，如豆科牧草含水量降至45%左右时进行收集，采用太阳能工厂化干燥，按照一定高度、密度将散干草或草捆堆放在太阳能干燥仓内，把用太阳能加热的空气从干燥仓底部吹入，利用加热的空气带走草捆水分而达到干燥的目的。该方法是一种低成本、高品质、干燥效果好的干燥方法。

五、苜蓿青贮饲料调制篇

71. 哪些地方适合调制苜蓿青贮饲料？

实际上，所有苜蓿种植区均可调制苜蓿青贮饲料。在可调制苜蓿干草的区域选择调制苜蓿青贮饲料时，苜蓿青贮总量最好不超过本区域养殖企业（户）的消纳能力，因为苜蓿青贮饲料中含有大量水分，不适于长途运输，同时长距离运输销售会极大地增加饲料运输成本，给生产经营带来很大的市场风险，故应根据本地养殖业需求选择是否调制苜蓿青贮饲料、调制多少青贮饲料。而在不能调制苜蓿干草或调制苜蓿干草非常困难的区域，只能选择调制苜蓿青贮饲料。

72. 调制苜蓿青贮饲料前应做好哪些准备工作？

（1）青贮制作实施方案制定及人员配备分工　在青贮调制前10天，根据选择的青贮工艺，科学制定包括从原料收获、处理、运输、加工等各个环节的青贮制作实施方案，并根据青贮环节进行人员分工，明确具体负责人。

（2）青贮设施设备准备及维护、清理与消毒　在青贮作业前10天将青贮各个环节需要的机械设备及设施配齐，并对机械设备进行试运行，确保没有机械故障。在苜蓿青贮前7天，对青贮设施设备进行维护检修，然后利用高压水枪将青贮容器、青贮设备进行清洗，并使用5%的碘伏溶液或2%的漂白粉消毒液进行消毒（图5-1）。

图5-1　青贮窖贮前清洗消毒

（3）调制青贮所需材料的准备　根据预计调制苜蓿青贮饲料量及青贮工艺方式，提前选购充足且质量可靠的青贮添加剂、黑白膜、裹包青贮专用膜、青贮内网（膜）、青贮专用袋、青贮窖镇压物等耗材。

73. 苜蓿青贮时对天气条件的要求是什么？

苜蓿青贮原料刈割收获、晾晒萎蔫、捡拾切碎、青贮制作等过程均需要无降雨的天气，晴天最好。一旦苜蓿青贮原料遭受雨淋，均会一定程度影响苜蓿青贮发酵质量与青贮饲料品质，严重的会造成巨大损失。

一般来讲，苜蓿青贮原料的刈割收获、晾晒萎蔫、捡拾切碎、青贮制作等苜蓿青贮调制全过程至少需要连续7天无降雨。青贮调制全过程均要时刻关注天气预报，根据天气预报，降雨前3天要停止苜蓿青贮原料刈割作业。在青贮调制过程中，如遇突然降雨，一是要及时利用塑料布等防雨材料对青贮原料及青贮容器（窖、堆、壕等）进行防雨遮盖；二是对已经遭受雨淋的苜蓿青贮原料进行及时处理，雨淋严重的要弃用，雨淋不严重的重新晾晒后青贮或晒制干草。

74. 为苜蓿青贮而收割时对刈割时期有什么特殊要求？

调制苜蓿青贮时，苜蓿原料刈割期的确定，一是要考虑原料质量，二是考虑单位面积收获的干物质产量。基于这两点考虑，生产上调制苜蓿青贮时苜蓿原料刈割期一般选择在现蕾期至初花期（图5-2）。

当苜蓿80%以上的枝条出现花蕾时，这个时期称之为现蕾期；当苜蓿第一朵花出现至10%植株开花时，这个时期称之为初花期。现蕾期至初花期刈割植株蛋白含量与单位面积干物质产量均较高，而粗纤维和木质素相对较低，这个阶段收割为苜蓿青贮原料最佳刈割时期。

图5-2　苜蓿的现蕾期（A）和初花期（B）

75. 堆式和窖（壕）式苜蓿青贮饲料调制工艺流程主要有哪些环节？

堆式苜蓿青贮的工艺流程与窖（壕）苜蓿青贮的工艺流程基本一致（图5-3）。

图5-3　苜蓿堆贮过程

（1）堆址选择与处理　堆址要求避开主风向且场地最好进行硬化，水泥地坪要求高出地面15～20厘米，混凝土厚度不低于30厘米，地面坡度2°～3°，以便排水。如果没有硬化条件可在堆贮地底部铺上厚度0.12毫米以上的塑料膜。要提前对堆贮场地进行清理与消毒。

（2）青贮耗材及配套机械准备　提前将堆式青贮需要的青贮耗材、配套机械备齐，并对设备进行试运行与检修。

（3）原料收获与处理　与窖（壕）式苜蓿青贮饲料收获与处理的要求基本一致，只是原料含水量要求更高一些，一般要控制在55%～60%。

（4）原料装填、压实，添加青贮添加剂，密封、镇压　与窖（壕）式苜蓿青贮饲料的要求基本一致，只是原料压实密度更大一些，一般要求要达到600千克/米³以上。堆贮完成后的形状类似堤坝形或椭圆形，只是棱角全部压实圆滑。

76. 罐装式苜蓿青贮饲料调制工艺流程主要有哪些环节？

罐装式苜蓿青贮饲料调制工艺流程主要包青贮耗材及配套机械准备、青贮原料收获与处理、原料入仓、原料灌装、挤压压实、添加青贮添加剂、密封等（图5-4）。

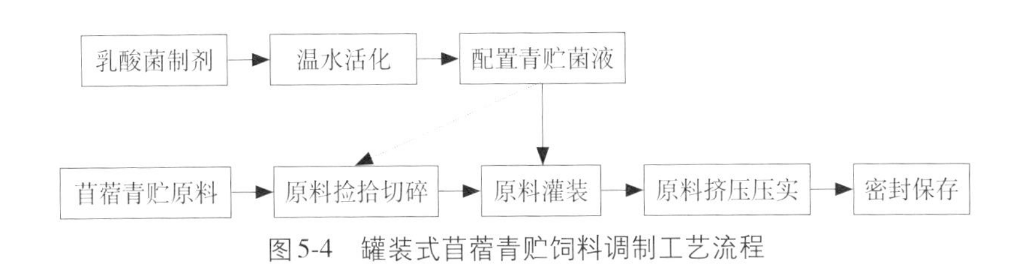

图5-4　罐装式苜蓿青贮饲料调制工艺流程

（1）青贮耗材及配套机械准备　提前将罐装式苜蓿青贮需要的青贮耗材、配套机械备齐，并对设备进行试运行与检修。

（2）青贮原料收获与处理　与窖（壕）式苜蓿青贮饲料收获

与处理的要求基本一致，只是原料切碎长度可适当放宽到2 ~ 7厘米，最长不超过7厘米。

（3）添加青贮添加剂　苜蓿青贮原料装填压实过程中可添加青贮剂以促进其发酵，也可根据实际情况在原料捡拾切碎过程中添加。青贮罐装机青贮剂喷洒系统应能够做到自动控制，在灌装装置内有原料时喷洒，无料时自动停止，其流速要与灌装速度相匹配。

（4）原料入仓、原料灌装、挤压压实、密封　利用铲车将苜蓿青贮原料装入袋装青贮设备原料仓，然后自动向青贮袋进行原料装填、挤压压实，挤压压实密度要大于550千克/米^3，苜蓿青贮原料体积压缩率要达到40%左右。苜蓿青贮原料装填长度达到要求或中间停止作业时，立即进行封袋处理（图5-5和图5-6）。

图5-5　苜蓿青贮原料入仓

图5-6　苜蓿青贮原料灌装与挤压压实

77. 裹包式苜蓿青贮饲料调制工艺流程主要有哪些环节?

以固定地点苜蓿裹包青贮为例。裹包式苜蓿青贮饲料调制工艺流程主要包青贮耗材及配套机械准备、青贮原料收获与处理、原料装填、原料压实、添加青贮添加剂、打捆成型、包膜密封、贮藏等（图5-7）。

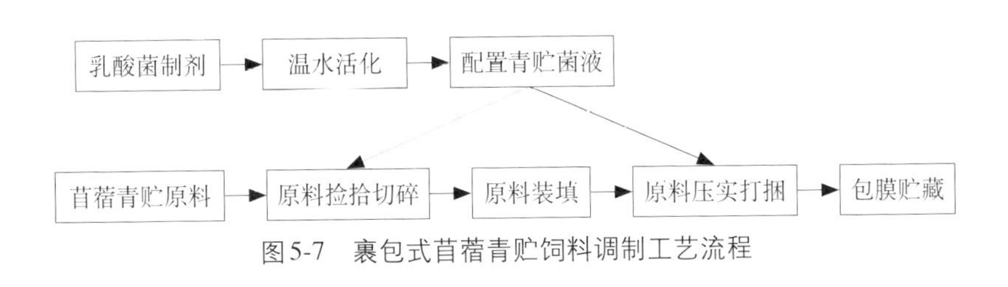

图5-7 裹包式苜蓿青贮饲料调制工艺流程

（1）青贮耗材及配套机械准备　提前将裹包式苜蓿青贮需要的青贮耗材、配套机械备齐，并对设备进行试运行与检修。

（2）青贮原料收获与处理　与罐装式苜蓿青贮饲料收获与处理的要求一致。

（3）原料装填、原料压实、添加青贮添加剂、打捆成型、包膜密封、贮藏　利用铲车将苜蓿青贮原料装入裹包机入料口，进行压实打捆，苜蓿青贮原料压实打捆过程中可添加青贮剂以促进其发酵，也可根据实际情况在原料捡拾切碎过程中添加。打捆符合标准要求后，包裹一层内网（内膜）定型，然后青贮捆出仓进入包膜设备进行包膜作业，完成设定包膜层数后（一般4～8层），自动滚落包膜机。裹包完成后，利用青贮包专用叉车将青贮包整齐码放至青贮包存放点，进行贮藏。

78. 常用苜蓿青贮添加剂种类及其使用方法是什么?

常用苜蓿青贮添加剂分为发酵促进型添加剂和发酵抑制型添

加剂。生产上，发酵促进型添加剂主要有乳酸菌制剂、糖类物质、酶制剂等；发酵抑制型添加剂主要使用酸制剂。

液体形态青贮添加剂一般采用喷雾装置进行均匀喷洒。窖贮、堆贮、壕贮采用边进行原料装填边进行喷洒的工艺，青贮原料每装填20 ～ 25厘米厚喷洒一次青贮添加剂；拉伸膜裹包青贮、袋装青贮，可在原料捡拾切碎前均匀喷洒到草垄上，或在裹包机、灌装机上安装专用喷洒装置，边喷洒边入料。固体粉状添加剂可采用喷粉形式进行添加；糖类添加剂也可以先溶于水，制成液体添加剂（图5-8）。

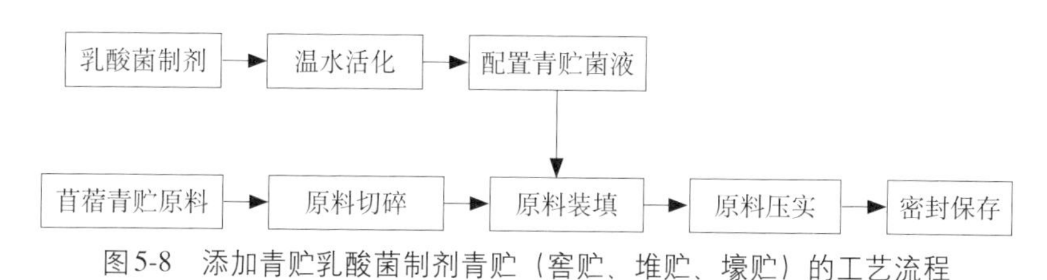

图5-8　添加青贮乳酸菌制剂青贮（窖贮、堆贮、壕贮）的工艺流程

（1）乳酸菌制剂　添加乳酸菌制剂可使青贮环境pH迅速下降并尽快抑制有害微生物的生长，减少蛋白质的降解和青贮饲料中氨态氮的含量，降低乙酸和丁酸浓度。乳酸菌制剂活性乳酸菌含量≥100亿个/克时，每吨苜蓿青贮原料（鲜重）乳酸菌制剂添加量一般为20 ～ 25克。活性乳酸菌含量越高，乳酸菌制剂添加量越少；活性乳酸菌含量越少，乳酸菌制剂添加量越大。乳酸菌制剂要存放于阴凉、通风、干燥处，避免与有毒有害物质混合存放。有条件的应放在冷藏（2 ～ 8℃）环境中，常温下贮藏产品在第二年也可使用，用量应加倍。但乳酸菌制剂为活菌制剂，其活菌数随着存放时间延长而降低，因此购置乳酸菌添加剂一般遵循随用随购原则，购置量控制在当茬次苜蓿青贮调制需求量的1.2倍即可。

以制作10吨青贮为例（具体制作数量按照比例增加）：①准备1升温水（不超过40℃），加入200 ～ 250克活性乳酸菌含量≥100亿个/克的乳酸菌制剂，搅拌均匀，活化1小时；②活化完成后，加入20升清水搅拌至完全溶解，制成青贮菌液，待用。

（2）糖类物质　苜蓿青贮时加入糖类物质可弥补苜蓿本身含糖量太低，导致青贮效果不理想的问题。添加糖类物质可为乳酸菌提供足够的底物而促进乳酸菌的大量增殖，促进乳酸的无氧发酵。常见的糖类物质添加剂有蔗糖、葡萄糖、糖蜜、玉米粉、糠麸等。糖蜜添加量一般为苜蓿青贮原料重（鲜重）的3%～5%；玉米粉、糠麸等添加量一般为苜蓿青贮原料重（鲜重）的5%～10%；蔗糖、葡萄糖添加量一般为苜蓿青贮原料重（鲜重）的2%～3%。糖类物质一定要与苜蓿青贮原料混合均匀，以免引起美拉德反应而造成苜蓿青贮蛋白质损失过多。

（3）酶制剂　苜蓿青贮饲料使用的酶制剂主要是纤维素酶。纤维素酶可使苜蓿粗纤维中的纤维素、半纤维素、木质素等大分子碳水化合物降解为乳酸菌繁殖可利用的小分子单糖或多糖，进而加速乳酸菌增殖，增强乳酸菌发酵活动，产生更多乳酸来降低青贮饲料pH。每吨苜蓿青贮原料（鲜重）纤维素酶制剂添加量一般为1 000 ～ 2 000克，纤维素酶制剂与乳酸菌制剂同时添加使用，青贮效果更佳。

（4）酸制剂　商品酸制剂多为复合有机酸制剂，其作用机制是：通过添加复合有机酸制剂直接降低青贮饲料的pH，抑制部分或全部微生物活性，降低青贮饲料养分损失，以达到长期保存的目的。目前，国内苜蓿青贮调制上使用复合有机酸制剂较为少见，其多被用于窖贮苜蓿局部有害微生物活性抑制（如青贮窖边角、青贮窖暂停装填斜面或取料切面等部位），或高水分苜蓿青贮饲料调制。

79. 怎样进行青贮容器（窖、壕）的清理？

青贮过程中，即使原料、收割技术、青贮工艺再好，如果青贮容器（窖、壕）不干净和没有进行消毒，不仅会带进杂物，而且不可避免的会有大量有害菌如霉菌、梭菌、丁酸菌等进入青贮饲料中，导致丁酸发酵等不良微生物发酵问题，造成青贮发酵质量下降。

青贮制作前1周，先严格清扫青贮容器（窖、壕），将青贮容器（窖、壕）内的杂物全部清理出去；然后用高压水枪对青贮容器（窖、壕）进行清洗，去除灰尘、泥土等异物；清洗完毕后，如遇晴天，可曝晒3天，或采用消毒剂进行消毒处理，消毒液一般使用5%的碘伏溶液或2%的漂白粉消毒液（图5-9）。

图5-9　青贮窖清理
A.青贮窖底清理清洗　B.青贮窖壁及内膜清洗消毒

80. 固定地点窖（壕）式苜蓿青贮时如何装填原料？

小型窖（壕）要当天装填完成，大型窖（壕）要在2～3天内装填完毕，至多不能超过1周。原料收割到入窖（壕）时间控制在4小时内，不超过8小时。

先将第一车苜蓿青贮原料倾倒在距离青贮窖（壕）底部2倍窖（壕）高距离的位置（图5-10），以后依次卸料，并用铲车或青贮

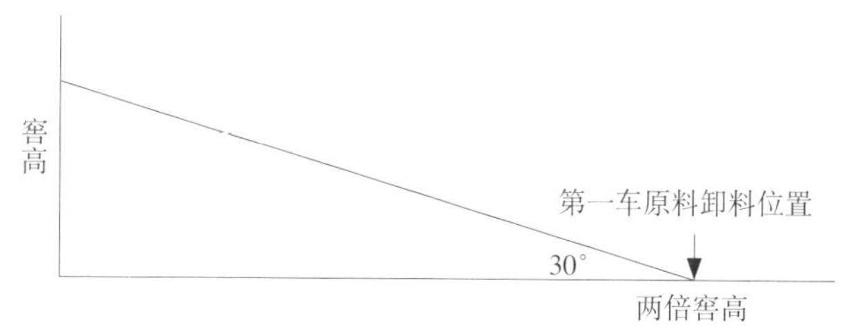

图5-10　第一车原料卸料位置示意

专用机械，将苜蓿青贮原料摊开压实，使其两端形成与窖底呈30°夹角的斜面，然后在两侧斜面上分别铺一层厚度为20 ~ 25厘米苜蓿青贮原料，压实，再次铺一层，再压实，如此反复装填，直至青贮窖（壕）全部装填完成。

压实选用专用压实机械或轮式拖拉机，采用1/2车辙移位压实法，并且压实车辆行驶速度小于5千米/小时，压实密度要大于550千克/米^3。压实面要求光滑平齐，不留坑洼。需要压实设备数量=当日青贮原料到货量/（设备自重×当日工作时间×1.75）。

原料向青贮窖（壕）内倾倒时，运输车应保持缓慢前进状态，以便使原料层的厚度均匀一致。苜蓿青贮原料装填时，与青贮窖（壕）壁接触的边角地带应略高于中间，呈U形。当青贮原料高出青贮窖（壕）壁后，青贮窖（壕）原料要装填成弧形。青贮窖（壕）原料顶点与青贮窖（壕）壁的高度差=窖（壕）宽×窖（壕）高×0.02。

81. 固定地点窖（壕）式苜蓿青贮时如何密封压实？

固定地点窖（壕）式苜蓿青贮采用分段式封窖。装填、压实作业从中间向两侧推进，当青贮窖（壕）中间装填满足封窖要求时，先用0.08毫米的透明膜密封，然后外部覆盖0.12毫米的黑白青贮膜，并用沙袋、轮胎等重物镇压。

封窖、镇压作业随着苜蓿青贮原料装填同时进行，直至完成青贮制作。分段装填与密封的时间控制在2小时之内，小型窖（壕）要在当天完成原料的装填、压实、密封，大型窖（壕）要在2 ~ 3天内完成原料的装填、压实、密封，至多不能超过1周。密封后再在薄膜上面用废旧轮胎、沙袋固定镇压。摆放时先中间后两侧。窖顶呈蘑菇状，以利于排水（图5-11）。

图5-11　青贮窖密封和镇压示意
A.分段式封窖工作　B.青贮窖镇压效果

82. 固定地点苜蓿裹包青贮时如何打包裹膜？

利用铲车将切碎后的苜蓿青贮原料装入专用裹包机入料口，先进行压实打捆，打捆时苜蓿原料的压实密度至关重要，关系到苜蓿青贮是否成功，一般压实密度要大于550千克/米^3。成捆标准符合设定要求后，在料仓自动进行内网（内膜）包裹定型，然后苜蓿青贮捆自动出仓进入包膜设备，自动进行包膜作业。

打捆后的苜蓿草捆需用青贮专用拉伸膜进行裹包，青贮专用拉伸膜应具有拉伸强度高、抗穿刺强度高、韧性强、稳定性好及抗紫外线等特点，一般厚度为0.025毫米，拉伸比范围55%～70%，裹包时包膜层数为4～8层，拉伸膜必须层层重叠50%以上。完成包膜后，青贮包自动滚落进入包膜机。

苜蓿青贮原料打捆过程中可添加青贮添加剂以促进其发酵，也可根据实际情况在原料捡拾切碎过程中添加。青贮裹包机青贮剂喷洒系统应能够做到自动控制，在打捆室有原料时喷洒，无料时自动停止，其流速要与打捆速度相匹配。

裹包好的苜蓿青贮饲料运送到贮藏地进行堆放，一般采用露天竖式两层堆放贮藏的方式，最多不超过3层。

83. 基于发酵原料苜蓿青贮时原料入窖（容器）至开启利用需要多少天？

苜蓿青贮密封后能否做到适时开启利用，关系到青贮饲料的发酵质量，过早开窖（包、袋）利用，发酵尚未完成，不仅青贮质量差，而且很可能有芽孢杆菌污染，奶牛采食后会引起产后恶性乳房炎，甚至导致奶牛急性死亡。一般来讲，苜蓿青贮原料入窖（容器）至开启利用的时间与青贮容器及青贮季节有关。

在苜蓿窖贮、堆贮、壕贮条件下，苜蓿青贮原料经青贮密封40～60天即可开启取用；在苜蓿拉伸膜裹包青贮、袋贮（包括大型袋贮）条件下，苜蓿青贮原料裹包或装袋青贮密封40～50天即可开启取用。一般来讲，温度较高的季节青贮发酵速度较快，从苜蓿青贮原料入窖（容器）至开启利用的时间相对短一些；温度较低的季节青贮发酵速度较慢，从苜蓿青贮原料入窖（容器）至开启利用的时间相对长一些。苜蓿青贮时从发酵原料入窖（容器）密封至开启利用需要的时间具体见表5-1。

表5-1 不同季节苜蓿青贮原料入窖（容器）密封至开启利用需要的时间（天）

类型	夏季	春季	秋季
窖贮	40～50	50～60	50～60
壕贮	40～50	50～60	50～60
堆贮	40～50	50～60	50～60
拉伸膜裹包青贮	≥40	≥50	≥50
袋贮	≥40	≥50	≥50

84. 苜蓿水分如何测定？

苜蓿青贮原料水分含量是决定青贮饲料质量的关键因素之一。

生产上一般将苜蓿青贮原料的含水量控制在50%～65%。原料含水量过低，青贮不易压实，存留大量空气，易导致有害微生物发酵而使青贮料霉烂变质；含水量过高，青贮发酵过程中梭菌及蛋白分解酶活性升高，致使青贮料腐烂变质、蛋白水解氨化，调制的青贮饲料发臭发黏。因此，青贮原料含水量对青贮制作成功有着重要意义。

判断水分含量的方法主要有鼓风式烘箱烘干法、微波炉法、水分测定仪法、经验估测法。但由于鼓风式烘箱烘干法需要时间较长、测定速度较慢，一般用于实验室水分检测；生产上一般采取微波炉法、水分测定仪法和经验估测法。

（1）微波炉法　取整株苜蓿150～200克，切碎称重，同时对微波炉专用盘进行称重（图5-12）。然后将切碎的苜蓿青贮原料放入微波炉专用盘中，设置高火力，在微波炉重微波60～120秒后，冷却至室温称重，并记录重量，然后再次放入微波炉微波30～60秒，冷却至室温称重，并记录重量，如此反复，直至重量与上次重量相同。苜蓿原料含水量=质量损失量/苜蓿青贮原料质量×100%。

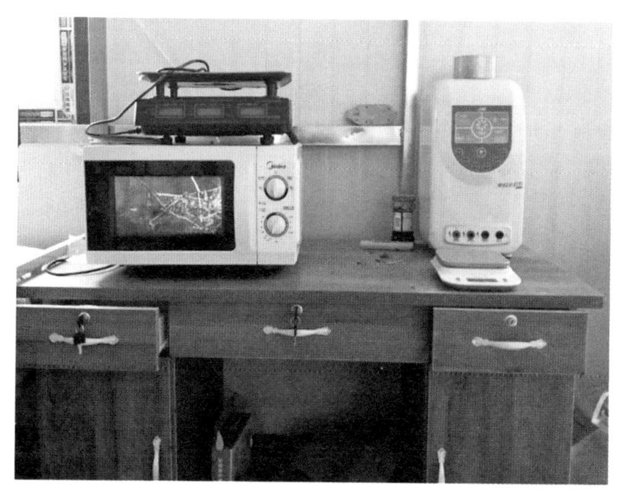

图5-12　微波炉法测定牧草水分

（2）水分测定仪法　用手抓起一把苜蓿青贮原料，将水分测定仪探头包裹、攥紧，水分测定仪上显示的含水量数据即为苜蓿青贮原料含水量估测值（图5-13）。该方法存在弊端是攥紧力度对水分含量值有差异，为减少差异，一般要进行5次以上测定，最后取其平均值。

图5-13　水分测定仪法测定牧草水分

（3）经验估测法

①苜蓿植株叶片发生卷缩，颜色由鲜绿色变成深绿色，叶柄易折断，茎秆下半部叶片开始脱落，同时茎秆颜色基本未变，表皮可用指甲刮下，茎秆能挤出水分，含水量一般在45%～65%。

②将切碎的苜蓿青贮原料紧握手中，然后手自然松开，若苜蓿青贮原料仍保持球状，手有湿印，则原料含水量在68%～75%；若苜蓿青贮原料形成的草球慢慢膨胀，手上无湿印，则原料含水量在60%～67%；若手松开后，苜蓿青贮原料形成的草球立即膨胀，手上无湿印，则原料含水量在60%以下。

85. 苜蓿青贮饲料对原料含水量的要求是什么？如何调控？

苜蓿青贮原料适宜含水量为50%～65%，过高或过低均不利于青贮发酵。因此，苜蓿青贮原料田间晾晒过程含水量调控非常重要。在合理调控原料水分含量基础上，为尽量减少田间晾晒时间，降低晾晒时间过长而造成的营养物质和干物质损失及外源性灰分含量增加，苜蓿青贮原料田间晾晒时含水量调控要综合采取如下主要措施。

一是原料收获要采用带有压扁功能的刈割压扁机进行收获，以加速苜蓿原料萎蔫失水速度；二是苜蓿刈割时要适当高留茬，一般留茬高度为6 ~ 8厘米，以能够将苜蓿原料顶起，加速苜蓿原料通风失水萎蔫为宜；三是刈割后的苜蓿原料晾晒草幅要宽，至少占割幅的70%左右，以使刈割后的苜蓿被割茬顶起，有助于加快水分散失；四是利用摊草设备及时进行翻晒，加速苜蓿原料失水萎蔫，苜蓿青贮原料一般田间晾晒2 ~ 6小时即可集垄，开始进行捡拾切碎；五是在苜蓿青贮原料晾晒过程中，最多每隔1小时要进行苜蓿青贮原料含水量测定，以决定最终晾晒时间与集垄、捡拾切碎等作业（图5-14和图5-15）。

图5-14　高留茬宽幅晾晒

图5-15　适时集垄

86. 苜蓿青贮所要求的适宜切碎长度是多少？

苜蓿青贮原料的切碎长度，一是影响青贮压实效果，二是影响奶牛采食量及瘤胃发酵，三是影响后期全混合日粮（TMR）搅拌。苜蓿青贮原料切碎长度过长，不利于青贮过程原料压实作业，导致压实密度低，进而影响苜蓿青贮质量；不利于后期全混合日粮搅拌，导致全混合日粮配置作业效率下降，日粮组分构成均匀度差，影响奶牛营养均衡摄入；不利于奶牛采食，导致奶牛干物质采食量下降，进而影响奶牛生产性能。苜蓿青贮原料切碎长度过短，苜蓿青贮饲料有效纤维下降，不利于奶牛瘤胃发酵，进而影响奶牛瘤胃健康，导致奶牛生产性能降低。

在苜蓿青贮生产实践中，苜蓿窖贮（堆贮、壕贮）时，苜蓿青贮原料适宜切碎长度为2～5厘米，最长不超过5厘米；苜蓿拉伸膜裹包青贮和袋装青贮时，苜蓿青贮原料适宜切碎长度为2～7厘米，最长不超过7厘米。

87. 苜蓿混合青贮时搭配原料的要求是什么？

苜蓿混合青贮时一般选择具有一定含糖量尤其是可溶性糖、含水量低的禾本科牧草、农作物秸秆、农产品加工副产物、玉米面等。具体要求如下。

一是混合搭配的原料要复合国家《饲料卫生标准》（GB 13078—2017），尤其是要无霉变、无异物、低灰分；二是混合搭配的原料切碎长度不超过苜蓿青贮原料的切碎长度；三是混合搭配的原料含水量要低于苜蓿青贮原料的含水量；四是混合搭配的原料添加比例要适当，一般以混合后最终的青贮原料含水量不低于50%为标准，一般情况下不超过苜蓿青贮原料重量（鲜重）的20%。

 88. 苜蓿青贮饲料贮存过程有哪些注意事项?

苜蓿青贮饲料贮存过程要经常检查青贮窖（堆、包、袋等）有无漏气、渗漏水等，以防苜蓿青贮发生霉烂变质。具体注意事项如下。

（1）密封，防止漏气　青贮原料装填密封5～6天后就进入发酵阶段，原料开始脱水和软化，设施内原料会发生一定程度下沉。随着原料下沉，青贮窖（壕、堆）顶盖会出现裂缝或悬空现象，进而造成空气进入青贮设施。因此，从青贮密封后第3天开始就要每天至少检查一次青贮设施顶盖变化情况，若发现青贮设施顶盖下沉而出现裂缝或悬空时，要及时踩实或拍实，并进行培土。

（2）发现破损及时修补　经常检查青贮窖与堆贮密封薄膜、青贮包、青贮袋等有无破损，若发现破损情况要及时补修密封，以免引起透气或雨水渗入，影响饲料的青贮品质。

（3）防止家畜践踏破坏、老鼠咬食打洞等　为了避免家畜践踏、啄咬等损坏青贮设施，最好在青贮设施四周设置障碍物，以阻挡家畜进入。另外，要采取安全有效措施防治鼠害，发现青贮设施有鼠洞要及时补救；在投放鼠药时，一定要注意安全，并记录鼠药投放地点，切勿混入饲料中。

（4）做好防雨措施，严禁进水　雨水进入青贮设施内，会严重影响青贮饲料质量，造成巨大浪费，因此青贮设施要考虑防雨防水。窖贮（堆贮、壕贮）顶部最好要保持光滑和一定坡度，确保雨水能够及时流出、不积水；青贮设施周边设有排水沟，将雨水及时排出，防止雨水进入青贮设施内；青贮包、青贮袋最好在棚室内储存，防止因雨淋、光照等导致青贮膜过早老化而漏气、渗水（图5-16）。

图5-16　青贮饲料安全贮存措施
A.青贮窖合理镇压及排水沟设置　B.拉伸膜裹包青贮安全贮存

89. 苜蓿青贮饲料降低灰分含量的具体措施是什么？

灰分含量严重影响苜蓿青贮饲料的营养品质与质量安全，有效降低苜蓿青贮原料灰分含量是提高苜蓿青贮质量的重要措施之一。降低苜蓿青贮饲料灰分含量的具体措施如下。

（1）采用具有压扁功能的刈割收获机械进行苜蓿原料收获。采用具有压扁功能的刈割收获机械进行收获，苜蓿原料灰分含量较不压扁的明显下降，这主要与苜蓿原料萎蔫时间有关，萎蔫时间越长从环境中落入苜蓿原料的灰分就会越多。苜蓿原料经过压扁后，加速了苜蓿失水萎蔫速度，大大减少了从环境中落入苜蓿原料的灰分（图5-17）。

（2）苜蓿青贮原料收获时，要适当高留茬，一般留茬高度控制在6 ~ 8厘米。随着苜蓿刈割留茬高度增加，苜蓿青贮原料灰分含量明显下降，但苜蓿原料收获产量随着留茬高度增加而下降。综合考虑苜蓿原料灰分含量控制与减少苜蓿收获产量损失，苜蓿青贮原料刈割留茬高度以6 ~ 8厘米为宜。

（3）田间晾晒时苜蓿青贮原料摊晒幅宽要适当增加，一般以占割幅的70% ~ 75%为宜。随着苜蓿青贮原料摊晒幅宽的增加，苜蓿青贮原料灰分含量明显下降，考虑到翻晒、集垄作业效率及机械轮胎碾压等，苜蓿青贮原料摊晒幅宽一般以占割幅的70% ~ 75%为宜。

（4）苜蓿青贮原料搂草过程中，搂草机耙齿离地间隙直接影响原料灰分含量及原料干物质损失。随着搂草机耙齿离地间隙提高，原料灰分含量明显下降，但原料干物质损失明显增加。在实际作业中，要综合考虑原料干物质损失及原料灰分含量控制，合理调节搂草机耙齿离地间隙，一般控制在离地15 ~ 20毫米为宜。

图5-17　原料灰分含量过高造成的苜蓿青贮霉烂

六、苜蓿草粉和成型加工篇

90. 苜蓿草粉加工工艺流程是什么?

苜蓿草粉常见的加工工艺流程有两种，第一种工艺主要包括刈割、自然干燥、粉碎、包装等环节，工艺简单，但自然干燥因速度慢、耗时长，营养物质损失比例高（图6-1）；第二种工艺主要包括刈割、切短、人工干燥、粉碎、包装等环节，有时还可以做到茎叶分离，将适时刈割的苜蓿进行简单的切短加工，再进行人工干燥，有利于苜蓿的充分粉碎，但工艺较为复杂、成本高，优点是营养物质损失少，得到的草粉质量高（图6-2）。

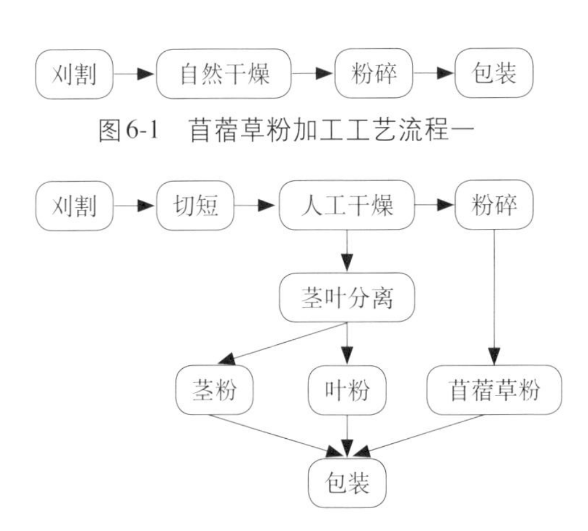

图6-1　苜蓿草粉加工工艺流程一

图6-2　苜蓿草粉加工工艺流程二

91. 苜蓿颗粒加工工艺流程是什么?移动式苜蓿颗粒加工的优点是什么?

苜蓿草颗粒加工常见工艺流程有两种，第一种包括刈割、晾晒、粉碎、制粒、冷却、称重、包装等主要环节（图6-3）；第二种包括刈割、切短、人工干燥、粉碎、制粒、冷却、称重、包装等主要环节（图6-4）。其中制粒和冷却环节最为重要，制粒过程

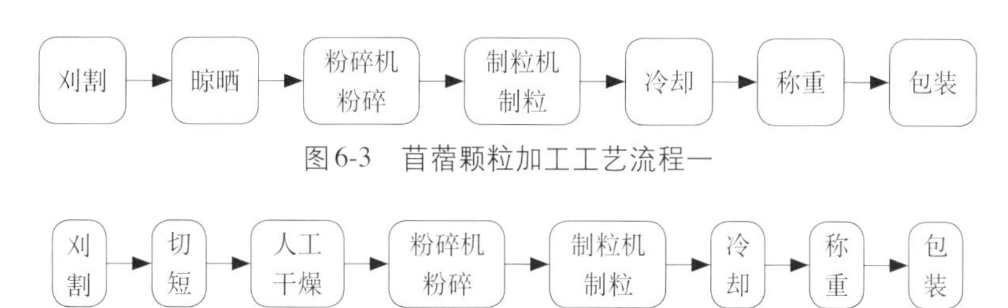

图6-3　苜蓿颗粒加工工艺流程一

图6-4　苜蓿颗粒加工工艺流程二

中适宜的水分及温度决定了颗粒饲草的可塑性及成型性，对出机的颗粒进行迅速冷干燥可防止其在贮运过程中发生粉化和变质。

移动式颗粒收获机加工苜蓿颗粒的工艺流程是适时收割、集草成垄、田间捡拾、直接制粒。苜蓿在现蕾期至开花初期收割，晾晒72小时后，集成1.5米左右宽的草垄，沿草垄田间捡拾，直接加工成苜蓿颗粒。移动式苜蓿颗粒加工改变了传统颗粒饲料的收集、储运、加工模式，可在田间行走过程中直接进行颗粒饲料加工制粒，大幅降低了饲料颗粒加工的成本和能耗，便于运输及贮存（图6-5）。

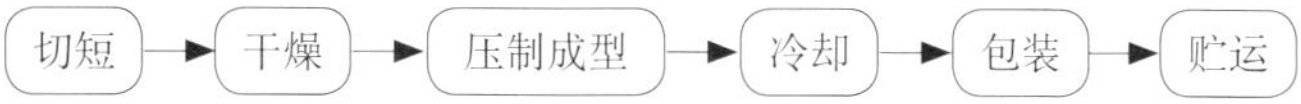

切短 → 干燥 → 压制成型 → 冷却 → 包装 → 贮运

图6-5　苜蓿草块加工工艺流程

92. 苜蓿草块加工工艺流程是什么？

苜蓿草块加工工艺流程主要包括原料的切短、干燥、压制成型、冷却、包装和贮运环节（图6-5）。与苜蓿颗粒饲料相比，苜蓿草块的外形尺寸较大，通常尺寸为截面30毫米×30毫米的方形断面草块或直径8～30毫米的圆柱形草块，因此干草块能更多地保留苜蓿的自然形态，符合反刍动物和草食家畜的生理特点。苜蓿被压制成草块后，与外界的接触面积降低，营养物质氧化缓慢，损失减少；压缩后体积减小，有利于包装、贮存和运输，且饲喂时浪费损失少，但也存在功耗大、加工成本高等缺点。

93. 全价苜蓿成型饲料加工特点是什么？

全价苜蓿成型饲料是根据家畜的营养需要和消化生理特点，将多种原料按照规定的加工工艺配制而成的营养完善的饲料产品，除水分外能够满足家畜对各种营养的需求。由于全价苜蓿成型饲料是根据家畜的营养实际需要，考虑了家畜的生产水平、环境条件以及饲料的组合效应后配制而成，因此能够充分发挥家畜的生产能力，获得数量多、质量好且成本低的产品。

94. 苜蓿草粉的贮藏有哪些注意事项？

苜蓿草粉颗粒细小，表面积与体积比大，与空气接触面积大。因此，在贮藏时，一方面营养物质易于氧化分解而造成损失；另一方面容易吸湿而结块，适合微生物及虫害的浸染和繁殖，严重时导致发热变质、变色、变味，丧失饲用价值。苜蓿草粉营养价值的主要指标是蛋白质和维生素含量。因此，苜蓿草粉贮藏期间的主要任务是为它们创造良好条件，采取适当的措施，保持其生物活性物质的稳定性，减少分解损失。

（1）低温密闭贮藏　苜蓿草粉营养价值的重要指标是蛋白质和微生素，在低温密闭条件下贮藏苜蓿草粉，能大大减少蛋白质、维生素等营养物质的损失。在我国北方寒冷地区，可利用自然条件进行低温密闭贮藏。将苜蓿粉密封在牛皮纸袋或塑料编织袋内，并在黑暗、干燥而且凉爽的仓库内贮藏，可减少蛋白质和微生素的损失。

（2）低温低含水量贮藏　将苜蓿草粉装入袋内或散装于大容器内，苜蓿草粉含水量为12%时，于15℃以下贮藏；含水量在13%以上时，贮藏温度应在10℃以下。

（3）将草粉压制成颗粒　将草粉压制成颗粒，可使草粉的容重增加、体积减小，为草粉的贮藏和运输创造了良好条件。草粉压制成颗粒，并在压制颗粒时添加抗氧化剂，可大大减少贮藏期营养物质的损失。常用抗氧化剂为乙氧喹、丁羟甲苯和丁羟甲基苯等，防腐剂为丙酸钙、丙酸酮和丙酸等。

95. 成型苜蓿饲料的贮藏有哪些注意事项?

成型苜蓿饲料体积小、密度大，较草粉容易包装、运输和贮藏。成型苜蓿饲料贮藏对含水量要求较为严格，在北方较干旱地区不宜超过15%，在南方较湿润地区应在12%以下。要确保成型饲料的水分不超标，就要控制原料的水分。成型苜蓿饲料贮藏期间要注意防潮，最好用塑料薄膜或其他容器密封包装，以防在贮藏和运输过程中吸湿发霉变质。高温高湿地区在苜蓿成型饲料加工过程中，添加适量防腐剂是安全贮藏的重要措施。常用防腐剂包括丙酸、丙酸钙、丙酸醇和乙氧喹等。

七、苜蓿饲草产品质量安全评价篇

96. 苜蓿样品的取样制样方法是什么？

在检测饲草样品质量过程中，需要确保采集的粗饲料样品具有代表性，这样才能取得具有代表性的样品，所检测的数据才能正确反映饲草产品的质量。我国在2013年颁布实施了《饲草产品抽样技术规程》(NY/T 2129—2012)，对干草捆、草粉、草颗粒、草块和青贮饲料的抽样方法给出了指导。在取样时，应根据不同的产品、抽样量、容器大小和产品的物理形态准备合适的器具。在取样前，应清洁抽样工具及准备相应耗材，保证抽样工具清洁、干燥、无污染。抽样、缩样、贮存和处理样品时，保证处理过程不影响样品和被取样产品特性不受影响。采用的抽样工具的材料不影响样品的质量，取样人员应戴一次性手套。

目前一般使用取样器从干草捆中取样。取样器的尖端应当锋利，比较容易地插入草捆，尖端与取样体成90° 。取样时应保证探测到30 ~ 60厘米深度，以代表不同草捆之间的差异，充分代表草捆的茎叶比。用取样器钻取样品的方向与牧草加压方向相同，避免顺茬取样。取样不能达到干草所有的部位时，应随机地在可达到的部位取样。圆形草捆一般由中心开始，向周围移动随机采样；三角形、方形草捆等建议从后端开始沿着中心线采样，在这一中心位置采集的样本比在草捆的角采集的样本更具在代表性。

从草粉、草颗粒、草块中取样时，参照批次重量，确定最小份样数。对于散装产品，宜在装卸时进行抽样，或在装入料仓或仓库时进行抽样。随机选择每个份样的取样位置，取样的位置需要覆盖到产品批次的表面和内部。包装产品取样时需要经过包装物的对角线，份样可以通过包装物的整个深度取得，或通过顶部，中间和底部三个水平面取得。

从青贮窖、青贮堆取样时一般根据九点取样法，在青贮随机布置各份样点，保证从产品的一个完整的新鲜切面中按照左上、中上、右上、左中、中心、右中、左下、中下、右下九个点位置进行取样。捆状青贮产品随机布置各份样点，保证采集完整的切面。

样品采集后应尽快封口并标记，送至实验室进行检测。特性容易变化的样品应该在冷藏或冷冻的条件下运输。

苜蓿饲草产品质量评定方法有哪些？

苜蓿饲草产品的质量评定方法有四种，分别是感官评定、化学指标评定、生物评定和物理方法测定。

（1）感官评定　感官指标是许多标准共有的指标，主要包括颜色、形状、气味和质地，有些标准还把异物或添加物作为评判指标。感官评定方式主要依赖人工检测。在观察颜色的时候，需要在明亮的自然光条件下目测。检测气味时，需要将样品贴近鼻尖细嗅。观察形状时，主要从外部、内部截面进行观察。质地需要用手握、搓捻的方法判断。

（2）化学指标评定　化学指标主要包括粗蛋白质、水分、粗灰分、中性洗涤纤维、酸性洗涤纤维等的理化指标和pH、有机酸、氨态氮等评价青贮饲料的发酵指标，主要依靠仪器和设备进行检测。目前我国很多大型养殖厂已经配备了分析设备，可以进行样品的化学指标评价，也有一些专门进行饲草料样品检测的机构、公司可以承担苜蓿饲草样品的质量评价。进行苜蓿饲草产品的质量评定的仪器设备有凯氏定氮仪、烘干机、马弗炉、纤维分析仪、pH计、高效液相色谱仪、分光光度计等专业设备。

（3）生物评定　虽然此种评定方法在标准中较少出现，但是这种方法可评价苜蓿产品的饲喂效果。测量方法分为体外和体内两种方法：体外法指将瘤胃液通过瘘管取出，使用体外消化系统检测分析苜蓿产品的消化、产气情况；体内法指将苜蓿草产品处理（一般为粉碎）后，通过瘘管放置到家畜的瘤胃中，检测分析苜蓿产品的消化情况。一般测定得到的指标有不同时间的消化率和各种营养成分的消化率。

（4）物理方法测定　指检测苜蓿产品的物理性质，如颗粒等成型饲料用硬度、化粉率、水中稳定性等物理指标评定。近年来，近红外方法检测苜蓿产品品质应用得也比较多。用近红外广谱扫描粉碎的苜蓿产品，将得到的图谱与数据库中保存建立的数据模型对比，可以得到苜蓿产品的干物质、粗蛋白质、淀粉、灰分、中性洗涤纤维、酸性洗涤纤维、消化率、钙等营养成分含量。这种方法具有实时快速的优点。

98. 苜蓿干草质量评价标准有哪些？

我国在2006年颁布实施了农业行业标准《苜蓿干草捆质量》(NY/T 1170—2006)。标准中明确苜蓿草经过刈割、干燥和打捆后形成的捆形产品是苜蓿干草捆。对苜蓿干草捆的感官要求有气味无异味或有干草芳香味；色泽暗绿色、绿色或浅绿色；干草形态基本一致，茎秆叶片均匀一致；草捆层面无霉变、无结块。当苜蓿的感官指标符合要求且没有霉变或明显异物（如铁块、石块、土块等）后，利用理化指标进行定级。标准的标准理化分级指标包含粗蛋白质、中性洗涤纤维、杂类草含量、粗灰分和水分。标准中要求苜蓿干草捆的水分含量不能高于14%，粗灰分含量占干物质含量的比例须低于12.5%。粗蛋白质、中性洗涤纤维、杂类草含量将决定苜蓿干草的等级，其中，特级粗蛋白质含量占干物质含量的比例须高于或等于22%，中性洗涤纤维含量占干物质含量的比例须低于34%，杂类草含量须低于3%。随着粗蛋白含量的降低，中性洗涤纤维含量和杂类草的含量升高，评级变低。此外，中国畜牧业协会也颁布了干草标准团体标准，理化数值指标与美国紫花苜蓿干草标准指标一致。

99. 苜蓿青贮饲料质量评价标准有哪些？

目前，我国没有苜蓿青贮饲料的国家和行业标准，地方标准有河南省和内蒙古自治区颁布的《苜蓿青贮饲料质量分级》，团体标准有中国畜牧业协会颁布的《青贮和半干青贮饲料 紫花苜蓿》。其中地方标准中感官指标有颜色、气味、质地。两个标准分别要求苜蓿原料水分含量在60%～70%及45%～65%，要求苜蓿青贮饲料颜色一般为亮黄绿色、黄绿色或黄褐色，无褐色或黑色；气味一般为酸香味或柔和酸味；质地柔软，茎叶组织完整，无黏性或干硬，无霉斑。当苜蓿青贮饲料的感官指标合格后，根据发酵及理化指标进行分级，主要的分级指标有pH、氨态氮/总氮、乳酸、乙酸、丁酸、粗蛋白质、中性洗涤纤维、酸性洗涤纤维、粗灰分。确定等级的方法为质量分级指标均同时符合某一等级时，则判定所代表的批次产品为该等级；当有任意一项指标低于该等级指标时，则按单项指标最低值所处范围等级定级。一般来说，pH低于4.5，氨态氮含量低于8%，乳酸含量占总有机酸比例在75%以上，丁酸含量占总有机酸比例低于1%，粗蛋白质占干物质含量比例高于20%，中性洗涤纤维含量低于38%，这样的苜蓿青贮饲料质量较好。随着pH、氨态氮、丁酸含量的升高，乳酸、粗蛋白质含量的下降，苜蓿青贮饲料的评级将会下降。

100. 苜蓿草粉质量评价标准有哪些？

我国在2002年颁布了农业行业标准《苜蓿干草粉质量分级》(NY/T 140—2002)。主要的感官性状有形状、色泽、气味和其他性状要求。要求形状为粉状、无结块；色泽为暗绿色、绿色或淡绿色；气味为有草香味、无异味；另外要求无发酵、发霉、变质。标准对制作草粉的技术也做出要求，现蕾期至开花初期收获的紫花苜蓿、杂花苜蓿或黄花苜蓿，经过人工干燥或自然干燥再粉碎的都可以成为苜蓿草粉。草粉中不能含有有毒和有害物质，不能掺有草粉外的物质。如果出于储藏目的加入抗氧化剂、防霉剂等，需要说明添加的成分和剂量。草粉的粒径按照《饲料粉碎粒

度测定　两层筛筛分法》（GB/T 5917.1—2008）的要求筛选，并明确了粗粒草粉主要适用于压制颗粒、草饼，细粒草粉主要适用于做配合饲料。苜蓿草粉按照理化指标进行质量分级，主要的理化指标有粗蛋白质、粗纤维、粗灰分和胡萝卜素。我国草粉一共分为4个等级，粗蛋白质越高、粗纤维越低、胡萝卜素越高、粗灰分越低，等级越高。特级苜蓿草粉的粗蛋白质含量占干物质含量的比例需不低于的19%，粗纤维含量占干物质含量的比例需低于22%，粗灰分含量占干物质含量的比例需低于10%，胡萝卜素的含量需不低于130毫克/千克。如果粗纤维、粗灰分含量较多，粗蛋白质和胡萝卜素含量较低，就意味着苜蓿草粉的质量较差。

美国也有苜蓿草粉标准，根据粗蛋白质、粗纤维含量将草粉划分为6个等级，美国标准中一级苜蓿草粉的粗蛋白含量占干物质含量的比例需高于22%，粗纤维含量占干物质含量的比例需低于20%。

虽然标准中没有说明，但是在制作草粉的过程中使用的防腐剂需要在《饲料添加剂品种目录》范围之内，目前使用比较多的有丙酸及其盐类。

苜蓿颗粒质量评价标准有哪些？

我国目前尚无苜蓿颗粒质量评价标准。人们在评价苜蓿颗粒饲料的过程中经常参考颗粒饲料的评价指标，即感官指标、含粉率、粉化率、硬度、含水量、耐久指数和容重等。感官上来说，大小均一，形状均匀，表面基本光滑，色泽均匀，无发霉，无异味的苜蓿颗粒饲料较好。含粉率指颗粒饲料中粉料占总重的比例，一般不能超过5.5%。粉化率是指颗粒饲料在贮藏和运输过程中产生的粉末占总量的百分比，一般粉化率越低越好，粉化率不超过9%的被业内认为是一等品，颗粒产品的粉化率不能超过11.5%。颗粒需要软硬适宜，在长期的贮存和运输过程中保持一定的形状，减少饲料浪费。颗粒饲料的耐久指数可以通过耐久指数测定仪测出。颗粒饲料的硬度以颗粒饲料抗压强度的大小为依据，它会影响粉化率、耐久指数和适口性。水产中使用的苜蓿颗粒还需要考虑产品在水中的稳定性（耐水性）。对于不同用途的苜蓿颗粒，还需要关注颗粒的直径，一般饲喂肉鸡的苜蓿颗粒直径不能超过5毫米，饲喂蛋鸭的颗粒直径不能超过8毫米，饲喂仔猪的颗粒直径不能超过5毫米，兔用颗粒不能超过6毫米。

八、苜蓿饲料饲喂利用篇

102. 畜禽饲养中如何利用苜蓿干草？

从饲料价值看，优良等级的苜蓿干草含有家畜所必需的各种营养物质、较高的消化率和适口性，也就是单位重量的干草含有较多的能量、可消化粗蛋白质、丰富的矿物质、维生素等。优质苜蓿干草的营养价值在奶业生产实践中已得到公认，能有效保证泌乳奶牛较高的采食量和能量供应，对提升原料奶品质等十分重要。苜蓿干草也可用于肉牛、肉羊、兔、鸭、鹅等草食动物，可以提高动物生产性能、改善肉质等。劣质、发霉苜蓿干草对家畜健康有害，不能饲喂家畜。优质苜蓿干草粉碎调制的草粉，蛋白质、维生素含量高且含有多种生物活性物质，在猪、禽、鱼等饲料中均可广泛应用，特别在病弱畜禽、幼畜、种用畜禽中使用，对提高机体免疫、改善繁殖性能等有非常显著的效果。

103. 为什么苜蓿干草是奶牛全混合日粮中的重要组成部分？

奶牛作为反刍动物，其特殊的瘤胃结构决定了日粮中必须要有相当比例的粗纤维，才能保证进行正常的生长和反刍，其理化特性对于刺激奶牛的咀嚼活动和维持稳定的乳脂率是十分必要的。苜蓿干草含有大量有效纤维，可刺激瘤胃收缩和胃肠蠕动，增大精料食糜与瘤胃微生物的接触面积，同时减缓精料过瘤胃的速度，可以提高精料的利用率和消化率；此外，有效纤维可以保证瘤胃的正常活动，粗饲料的填充作用使奶牛有饱腹感，刺激肠胃的蠕动，大量分泌唾液，防止酸中毒。苜蓿干草的粗蛋白质含量为16%～22%，其中真蛋白约占粗蛋白质的2/3，蛋白质利用效率高；而且含有20多种氨基酸，包括动物所需的全部必需氨基酸和一些稀有氨基酸。苜蓿干草中除蛋白质含量高外，还含有较多的钙和磷，产奶净能高，营养价值高，在瘤胃中干物质、粗蛋白质、中性洗涤纤维、酸性洗涤纤维降解率均在60%以上，具有较高的消化率和利用价值。在奶牛日粮中添加苜蓿干草，既可满足奶牛营养需要、采食习性和消化生理，提高产奶量和奶品质，又可显著提高奶牛对精料和粗饲料的消化率和利用率，还可以提高奶牛健康水平，减少生殖疾病和消化疾病，延长奶牛利用年限，从而提高经济效益。总之，用苜蓿干草饲喂奶牛，是植物蛋白质转化为牛奶蛋白质的最理想的技术途径，不仅蛋白质转化效率高、质量好，且从源头上能保证牛奶的产量和质量安全，苜蓿干草，尤其是优质苜蓿干草作为奶牛全混合日粮的重要组成部分，已成为奶牛业安全高效养殖的共识。

104. 苜蓿干草在奶牛饲养中的典型配方有哪些？

在奶牛饲粮中粗饲料使用优质苜蓿干草加全株玉米青贮的饲喂模式，可提高粗饲料质量、降低精饲料的使用量，是提高奶牛生产性能、改善牛奶品质和提高经济效益的重要途径。不同苜蓿干草添加量或代替精饲料量的研究中，普遍认为苜蓿干草在奶牛中的用量以6 ~ 9千克为宜。目前，我国奶牛饲料中，每头奶牛每天3千克左右的苜蓿干草是奶牛养殖者普遍能接受的使用量水平。因此，在玉米青贮饲料+高精饲料的饲养模式下，用3千克的苜蓿干草代替一定量的精饲料，对苜蓿在奶牛中的应用有重要的参考价值。

以表8-1和表8-2为例，分析用优质苜蓿干草替代部分精饲料后对奶牛生产性能、牛奶品质、养分表观消化率、血清生化指标以及经济效益的影响。用苜蓿干草替代适量的精饲料补充料可以提高奶牛的生产性能、改善乳品质、增加收益，其中用3千克苜蓿干草替代1.5千克精饲料组效果最好。

表8-1　3千克的苜蓿干草代替不同精饲料量的饲粮配方（干物质基础）

项目	对照组	3千克苜蓿干草代替1.5千克精饲料组	3千克苜蓿干草代替2.0千克精饲料组	3千克苜蓿干草代替3.0千克精饲料组
全株玉米青贮料（%）	32.4	30.5	31.2	32.4
花生秧（%）	15.6	14.6	14.9	15.6
苜蓿干草（%）	0.0	12.3	12.5	13.1
混合精料（%）	52.0	42.6	41.4	38.9
营养浓度				
消化能（兆焦/千克）	6.07	6.07	6.07	6.07
粗蛋白质（%）	15.97	15.29	15.31	15.16
中性洗涤纤维（%）	40.25	41.42	41.48	41.53
钙（%）	0.84	0.78	0.80	0.84
磷（%）	0.56	0.53	0.54	0.56

注：产奶净能为估测值。

表8-2　混合精饲料配方（%，干物质基础）

原料	对照组	3千克苜蓿干草代替1.5千克精饲料组	3千克苜蓿干草代替2.0千克精饲料组	3千克苜蓿干草代替3.0千克精饲料组
玉米	50.0	39.8	46.7	52.2
麸皮	5.0	10.0	10.0	0.0
豆粕	10.0	5.1	7.8	15.0
棉粕	10.0	10.0	11.4	5.0
菜粕	5.0	4.0	5.0	3.0
蛋白粉	0.0	0.0	0.0	4.0
胚芽粕	5.0	8.0	10.0	0.0

（续）

原料	对照组	3千克苜蓿干草代替1.5千克精饲料组	3千克苜蓿干草代替2.0千克精饲料组	3千克苜蓿干草代替3.0千克精饲料组
DDGS	10.0	10.0	3.6	12.0
苹果粕	0.0	8.0	0.0	0.0
预混料	5.0	5.1	5.5	6.1
保护性脂肪	0.0	0.0	0.0	2.7

（引自刘艳娜，2013）

105. 奶牛饲养中如何利用苜蓿青贮饲料？

刈割期适宜、调制良好的苜蓿青贮饲料是奶牛的优良饲料，在取用之前需先进行感观鉴定，必要时再进行化学分析鉴定，以保证使用良好的青贮饲料饲喂家畜。对于没有采用全混合日粮饲喂的奶牛场，应确定合理的精粗饲料饲喂次序。多采用先饲喂苜蓿青贮饲料，然后饲喂精饲料，最后饲喂优质牧草的方法。奶牛的饲喂次序一旦确定后要尽量保持不变，否则会打乱奶牛采食饲料的正常生理反应。

干乳期日粮以青粗料为主，糟渣类和多汁类饲料不宜饲喂过多，以免压迫胎儿，引发早产。干草自由采食，以确保每头奶牛每天有2～2.5千克的进食量。苜蓿干草或青贮料应限量饲喂，一般不超过体重的1%，以防摄入过量的蛋白质、钙以及钾，导致乳房水肿、乳热症、酮病以及奶牛倒地综合征。苜蓿青贮饲料中含有大量有机酸，具有轻泻作用，因此母畜妊娠后期不易多喂，妊娠最后1个月的母牛饲喂青贮料不应超过10～12千克/（天·头），临产前10～12天停喂，产后10～15天在日粮中重新加入苜蓿青贮饲料。泌乳期奶牛每100千克体重饲喂苜蓿青贮饲料量5～7千克/天。劣质的苜蓿青贮饲料危害畜体健康，易造成母畜流产，不能饲喂。

母猪饲养中如何利用苜蓿草粉？

苜蓿在猪生产中的研究和应用起步于母猪，苜蓿在母猪上的作用主要体现在：提高成熟卵母细胞的数量和质量，改善母猪发情；消除母猪的异常行为，缓解便秘；降低胚胎的死亡率，提高产仔数，增加母猪的泌乳量和仔猪的日增重等。以苜蓿草粉的方式饲喂母猪较为广泛。一方面，从饲料加工和日粮配制方法来讲，苜蓿干草经粉碎后，增加了饲料暴露的表面积，有利于动物消化和吸收其营养物质；另一方面，季节和茬次不同，苜蓿的质量有较大差异，用苜蓿草粉作为饲料原料，可以灵活调整日粮配方使其结构保持相对稳定。

以表8-3和表8-4为例，分析后备母猪不同苜蓿草粉含量的日粮配制注意事项。根据后备母猪营养需要，配制不同苜蓿草粉含量的日粮时，需要综合考虑各种饲料原料的营养和物理特点。与对照组日粮相比，苜蓿富含粗纤维，配制含苜蓿草粉的日粮完全可以不添加麸皮；苜蓿蛋白质含量可以达到20%左右，随着苜蓿草粉添加比例的增加，豆粕的使用量可以逐渐降低；苜蓿消化能和代谢能等有效能值偏低，草粉用量大时需要较多的油脂补充能量，同时保证制粒效果。综合考虑母猪生产和繁殖性能，后备母猪日粮中苜蓿草粉添加量以5%比较适宜。

表8-3　后备母猪45 ～ 70千克阶段日粮配方及营养水平

项目	对照组	草粉组
饲料成分		
玉米（%）	43.10	43.94
小麦（%）	26.00	26.00
高蛋白去皮豆粕（%）	15.31	16.05
五星宝[1]（%）	3.00	3.00
苜蓿草粉（%）	—	5.00

（续）

项目	对照组	草粉组
小麦麸皮（%）	6.67	—
石粉（%）	1.32	1.11
磷酸氢钙（%）	1.02	1.04
食盐（%）	0.40	0.40
豆油（%）	1.80	2.11
预混料（%）	1.38	1.35
合计（%）	100	100
营养水平		
猪消化能（兆焦/千克）	13.80	13.80
粗蛋白质（%）	16.00	16.00
粗纤维（%）	2.49	3.38
钙（%）	0.81	0.81
总磷（%）	0.56	0.52
有效磷（%）	0.38	0.38
粗脂肪（%）	4.25	4.46
盐（%）	0.55	0.58
赖氨酸（%）	0.95	0.95
蛋氨酸（%）	0.30	0.30
色氨酸（%）	0.25	0.25
苏氨酸（%）	0.77	0.77
亚油酸（%）	1.29	1.20

注：[1]五星宝是一种由多糖类、寡聚糖以及有机酸组成的复合状粉粒物质，下同。

1%预混料为每千克全价日粮提供：维生素A 144500国际单位，维生素D_3 3000国际单位，维生素E 65毫克，维生素K_3 4.2毫克，核黄素8.0毫克，泛酸18毫克，尼克酸55毫克，胆碱350毫克，生物素2毫克，叶酸0.65毫克，维生素B_{12} 30微克，赖氨酸（98%）720毫克，蛋氨酸（98%）440毫克，铜20毫克，铁145毫克，锰30毫克，锌145毫克，碘0.35毫克，硒0.35毫克。

（引自齐梦凡等，2018）

表8-4　后备母猪70 ~ 130千克阶段日粮配方及营养水平

项目	对照组	草粉组
饲料成分		
玉米（%）	45.80	46.40
小麦（%）	26.00	26.00
高蛋白去皮豆粕（%）	15.42	16.10
五星宝（%）	2.00	2.00
苜蓿草粉（%）	—	5.00
小麦麸皮（%）	6.43	—
石粉（%）	1.29	1.07
磷酸氢钙（%）	0.81	0.83
食盐（%）	0.40	0.40
豆油（%）	0.80	1.15
预混料（%）	1.05	1.05
合计（%）	100	100
营养水平		
猪消化能（兆焦/千克）	13.59	13.59
粗蛋白质（%）	16.00	16.00
粗纤维（%）	2.53	3.43
钙（%）	0.75	0.75
总磷（%）	0.53	0.49
有效磷（%）	0.34	0.34
粗脂肪（%）	3.34	3.60
盐（%）	0.53	0.55
赖氨酸（%）	0.88	0.87
蛋氨酸（%）	0.26	0.27
色氨酸（%）	0.23	0.23
苏氨酸（%）	0.71	0.70
亚油酸（%）	1.35	1.26

注：1%预混料为每千克全价日粮提供：维生素A 144500国际单位，维生素D_3 3000国际单位，维生素E 65毫克，维生素K_3 4.2毫克，核黄素8.0毫克，泛酸18毫克，尼克酸55毫克，胆碱350毫克，生物素2毫克，叶酸0.65毫克，维生素B_{12} 30微克，赖氨酸（98%）2 600毫克，铜20毫克，铁145毫克，锰30毫克，锌145毫克，碘0.35毫克，硒0.35毫克。

（引自齐梦凡等，2018）

以表8-5和表8-6为例，分析母猪在妊娠和泌乳期添加不同苜蓿草粉时的日粮配制方法。日粮中添加苜蓿草粉，需要根据其不同添加量适当调整配方中的麸皮、豆粕等原料的使用量；同时，为了达到母猪需要的能值，应根据苜蓿草粉添加量的增加，增加油脂的添加量补充能量。母猪在妊娠阶段为避免过肥带来的繁殖性能下降，通常会采取限饲处理，但限饲会使母猪产生一些刻板行为，在饲粮中添加苜蓿等优质纤维原料，有利于保持饱感，减少母猪刻板、趴窝等行为，进而减少维持的能量需要，增加对胎儿的能量供给。研究认为，妊娠母猪日粮中添加20%的苜蓿草粉对于母猪自身健康、繁殖性能和仔猪生长性能的改善效果显著，经济效益较好；泌乳母猪日粮中添加10%的苜蓿草粉效果较好，仔猪可获得较好的生长性能。

表8-5　妊娠母猪日粮配方及营养水平

项目	对照组	草粉组
饲料成分		
玉米（%）	64.36	51.97
普通豆粕43%（%）	17.10	15.47
苜蓿草粉（%）	—	20.00
次粉（%）	5.00	5.00
小麦麸皮（%）	9.68	—
豆油（%）	—	4.52
石粉（%）	1.34	0.54
碳酸氢钙（%）	1.11	1.10
食盐（%）	0.40	0.40
预混料（%）	1.00	1.00
合计（%）	100	100
营养水平		
猪消化能（兆焦/千克）	12.97	12.97

（续）

项目	对照组	草粉组
粗蛋白质（%）	15.00	15.00
粗纤维（%）	3.07	7.21
钙（%）	0.81	0.81
总磷（%）	0.58	0.49
有效磷（%）	0.41	0.41
粗脂肪（%）	3.06	7.22
盐（%）	0.55	0.65
赖氨酸（%）	0.70	0.73
蛋氨酸（%）	0.24	0.24
色氨酸（%）	0.18	0.21
苏氨酸（%）	0.58	0.61
亚油酸（%）	1.75	1.31

注：1%预混料为每千克全价日粮提供：维生素A 144500国际单位，维生素D_3 34000国际单位，维生素E 67毫克，维生素K_3 4.2毫克，核黄素8.0毫克，泛酸18毫克，尼克酸55毫克，胆碱350毫克，生物素2毫克，叶酸0.65毫克，维生素B_{12} 30微克，铜20毫克，铁145毫克，锰30毫克，锌145毫克，碘0.35毫克，硒0.35毫克。

（引自齐梦凡等，2018）

表8-6　哺乳母猪饲料配方及营养水平

原料（%）	对照组	草粉组
玉米	63.00	56.60
小麦麸	5.24	1.56
豆粕	21.90	17.56
大豆磷脂	3.60	6.60
鱼粉	2.40	4.41
苜蓿草粉	0.00	10.00
石粉	0.68	0.08
磷酸氢钙	1.82	1.82

（续）

原料（%）	对照组	草粉组
食盐	0.32	0.32
蛋氨酸盐	0.02	0.04
L-赖氨酸盐酸盐	0.02	0.01
预混料	1.00	1.00
粗蛋白质（%）	17.27	17.25
消化能（兆焦/千克）	13.60	13.60
钙（%）	1.00	1.03
磷（%）	0.71	0.71
赖氨酸（%）	0.96	0.96
蛋氨酸+胱氨酸（%）	0.62	0.62

注：1%预混料为每千克全价日粮提供：维生素A 144500国际单位；维生素D_3 1700国际单位；维生素E 65毫克；维生素K_3 4毫克；核黄素8.0毫克；泛酸18毫克；尼克酸55毫克；胆碱350毫克；生物素2毫克；叶酸0.65毫克；维生素B_{12}30微克；铜20毫克；铁145毫克；锰30毫克；锌145毫克；碘0.35毫克；硒0.35毫克。

（引自臧为民等，2005）

107. 家禽饲养中如何利用苜蓿草制品？

配合饲粮的营养价值愈接近饲养对象的营养需要，愈能发挥它的综合效益。谷物类是家禽能量的主要来源，可用到45%～70%；糠麸类能量也比较多，B族维生素丰富而且价格便宜，但纤维含量多，而且矿物质不平衡，一般用到1%～15%；植物性蛋白质饲料可以用到15%～30%；动物性蛋白质饲料因价格高，一般只用3%～15%；因家禽对纤维的消化能力较差，青粗饲料及苜蓿干草类的用量一般不超过5%。除此之外还要加一些矿物质、维生素和饲料添加剂等，使配合的饲粮含有各种营养物质，满足家禽的生长、繁殖、产蛋和维持等的营养需要。

草粉可以和精饲料一起加水制成湿拌料饲喂鸭、鹅，但最好作为配合饲料原料制成鸭、鹅的全价饲料。干草料占饲粮的比例，鸭一般为3%～5%，鹅5%～10%。优质苜蓿草粉和刺槐叶粉是家禽良好的蛋白质、维生素来源，配合饲料含有3%～7%的此类饲料可改善家禽皮肤和蛋黄的颜色，降低胆固醇含量。高峰期产蛋鸡参考饲料配方：玉米58.8%、豆粕21%、鱼粉2%、苜蓿草粉5%、大豆油2%、石粉8.4%、磷酸氢钙1.4%、食盐0.3%、蛋氨酸0.1%、添加剂预混料1%。

108. 家兔饲养中如何利用苜蓿草制品？

合理而优质的饲料原料是家兔饲料科学配制的基础。兔是单胃草食家畜，应以青料为主，营养不足的部分补以精料。新鲜苜蓿柔嫩多汁、维生素和矿物质含量丰富、适口性好，是家兔优质的饲料原料。家兔采食青饲料的能力强，一般可为自身体重的10%～30%，根据生长、妊娠、哺乳等生理阶段的营养需要，精料补充量在50～150克。但新鲜苜蓿使用时须注意适当控制水分含量，避免造成家兔拉稀。苜蓿干草营养价值高、适口性好，是农区养兔的主要饲料，也是家兔最喜欢吃的饲料。家兔有啃咬硬物的习惯而且喜欢吃颗粒饲料，因此现代养兔除了保持配合饲料中粗纤维含量外，提倡生产中采用颗粒饲料饲喂。颗粒料的长度、直径、硬度等根据家兔群体状态确定，可在饲料中加入一定的糖蜜，既可提高饲料的适口性，又便于饲料压粒成型。

种公兔饲料以青绿饲料为主，适当补充精饲料。种公兔精液的质量与种公兔的营养有密切的关系，特别是蛋白质、矿物质、维生素等。种公兔日粮蛋白水平应不低于15%。平时精液品种不佳的种公兔，加喂苜蓿等高蛋白饲料后，精液质量显著提高。种公兔饲料参考配方如下：玉米11%、熟豆饼15%、麦麸20%、苜蓿草粉50%、骨粉2%、微量元素及维生素添加剂1.5%、食盐0.5%。

空怀期母兔夏季可多喂苜蓿鲜草，冬季一般给予优良苜蓿干草，再根据营养需要适当的补充精料。空怀期母兔参考配方：玉米15%、熟豆饼11%、麦麸20.7%、苜蓿草粉50%、骨粉2%、食盐0.3%、添加剂1%。妊娠母兔应根据胎儿的发育情况逐步增加优质苜蓿青绿饲料喂量。妊娠前期母兔饲料配方同空怀期，可依据具体情况适当增加精饲料补饲量。妊娠后期母兔参考饲料配方：玉米15%、熟豆饼25%、麦麸20%、苜蓿草粉34.5%、骨粉4%、食盐0.5%、添加剂1%。哺乳母兔日粮中粗蛋白质不低于17%，消化能11兆焦/千克，粗纤维12%左右，钙1.0%～1.2%，磷0.4%～0.8%；每天还应供给充足的优质苜蓿青绿饲料和饮水，尤其在泌乳的高峰期至产后16～20天。哺乳期母兔参考饲料配方：玉米20%、熟豆饼20.5%、麦麸10%、米糠10%、苜蓿草粉35%、骨粉3%、食盐0.5%、添加剂1%。

幼兔死亡率在家兔所有生理阶段中是最高的，主要原因是饲养管理不当。仔兔断奶初期必须十分注意饲料的过渡，饲喂由麸皮、豆饼等配合成的精饲料及优质苜蓿干草；所喂饲料要清洁干净，带泥的、含水量过大的苜蓿鲜草要洗净晾干后再喂；草粉必须确保干净卫生、不掺假；喂时要少喂多餐。

肉兔育肥以精饲料为主，青粗饲料为辅。推荐的育肥用饲料配方如下。

（1）全价配方饲料　肥育前期为苜蓿草粉69.5%、玉米粉（面）11%、熟豆饼5%、麸皮10%、骨粉3%、食盐0.5%、添加剂1%；肥育后期为苜蓿草粉10%，玉米粉（面）78%、麸皮7.5%、骨粉3%、食盐0.5%、添加剂1%。

（2）自配饲料　冬季、春季萝卜丝拌玉米粉；夏冬季苜蓿青绿饲料拌玉米粉，或马铃薯、甘薯煮熟后拌麦麸，要外加骨粉3%，食盐1%和少量木炭粉末。自由采食或少喂多餐。

 肉牛、肉羊饲养如何利用苜蓿青贮饲料？

肉牛、肉羊日粮中需要有一定的粗纤维含量，否则会影响消化和饲料利用效率。苜蓿青贮饲料对于肉牛、肉羊来说是一种良好的粗饲料，但不能作为家畜的单一饲粮，否则不利于家畜的生长发育。饲喂时应根据牛、羊的实际需要与精饲料、粗饲料（最好是优质干草）搭配使用，以提高瘤胃微生物对氮素和饲料的利用率。

当苜蓿青贮饲料完成发酵过程之后，即可开窖（开袋）鉴别后使用。取用时，先要判断青贮饲料质量的好坏，如发现表层呈黑褐色并有腐败臭味时，应把表层弃掉。对于窖贮苜蓿，应由上到下逐层取用，自一端开始分段取用，保持表面平整。饲料取用后，必须及时密封窖口，加强青贮的管理和科学利用。每天要准确计算饲喂量，用多少取多少，不能一次大量取用后堆放在畜舍慢慢饲用，否则容易腐臭或霉烂。

苜蓿青贮饲料一般占肉牛、肉羊日粮干物质量的50%以下。育肥肉牛、肉羊每100千克体重青贮苜蓿的日喂量为4 ～ 5千克。如一头300千克的育肥肉牛，每天可饲喂15千克，再加一些蒸煮的碎玉米、棉籽饼、棉籽壳等。刚开始喂时家畜不喜食，饲喂量应由少到多，逐渐适应后即可习惯采食。喂苜蓿青贮饲料后，仍需喂给精饲料和干草。先空腹饲喂苜蓿青贮饲料，再饲喂其他草料；先将青贮饲料拌入精饲料喂，再喂其他草料；先少喂后逐渐增加；或将苜蓿青贮饲料与其他料拌在一起饲喂。在饲喂初期或青贮饲料酸度较高时，可以添加适量的小苏打饲喂，以降低酸度，提高适口性，促进消化吸收，避免酸中毒现象发生。苜蓿青贮饲料含有大量有机酸，具有轻泻作用，对患有胃肠炎的肉牛、肉羊要少喂或不喂。对于幼畜，更要少喂。劣质的苜蓿青贮饲料危害畜体健康，不能饲喂，要用新鲜青贮饲料。表8-7为不同家畜青贮饲料的饲喂量。

表8-7　不同家畜青贮饲料的饲喂量

畜种	适宜喂量［千克/（头·天）］	畜种	适宜喂量［千克/（头·天）］
产奶牛	15～20	犊牛（初期）	5～9
育成牛	6～20	犊牛（后期）	4～5
役牛	10～20	羔羊	0.5～1.0
肉牛	10～20	羊	5～8
育肥牛	12～14	仔猪（1.5月龄）	开始训饲
育肥牛（后期）	5～7	妊娠猪	3～6
马、驴、骡	5～10	初产母猪	2～5
兔	0.2～0.5	哺乳猪	2～3
鹿	6.5～7.5	育成猪	1～3

（引自贾玉山，2018）

110. 牛、羊为什么不能大量采食鲜苜蓿？

反刍家畜大量采食鲜苜蓿容易引起臌气的发生，特别是牛、羊更易发生，泌乳母牛和带羔母羊又较一般牛和羊更易发生。鲜苜蓿中皂角素含量较高，牛、羊大量采食鲜嫩苜蓿后，可在瘤胃中形成大量泡沫样物质不能排出，因而可引起死亡或产乳力下降。因此，在开始饲喂或牛、羊采食苜蓿时，应注意防止臌气。放牧前喂以干草、露水未干前暂缓放牧，苜蓿＋禾本科牧草混播，均可防止或减少臌气的发生。

参考文献 REFERENCES

国家牧草产业技术体系，2014. 牧草标准化生产管理技术规范[M]. 北京：科学出版社.

韩建国，2007. 草地学[M]. 三版. 北京：中国农业出版社.

贾玉山，玉柱，2018. 牧草饲料加工与贮藏学[M]. 北京：科学出版社.

蒋向君，鲍梦妮，2013. 密度对紫花苜蓿青贮品质的影响[J]. 饲料广角(20): 34-36.

李峰，陶雅，柳茜，2016. 青贮饲料调制技术[M]. 北京：中国农业科学技术出版社.

李改英，高腾云，2010. 影响苜蓿青贮的因素及其青贮技术的研究进展[J]. 中国畜牧兽医，37(12): 22-26.

李光耀，张力君，2014. 苜蓿不同生育期营养特性的对比分析研究[J]. 粮食与饲料工业(5): 44-46, 50.

李向林，万里强，2005. 苜蓿青贮技术研究进展[J]. 草业学报，14(2): 9-15.

刘艳娜，史莹华，2013. 苜蓿青干草替代部分精料对奶牛生产性能及经济效益的影响[J]. 草业学报，22(6): 190-197.

刘振宇，顾乃杰，2016. 饲料枣粉对高水分紫花苜蓿青贮饲料质量的影响[J]. 河北农业科学，20(2): 90-93.

刘振宇，玉柱，2013. 苜蓿青贮研究进展[J]. 河北农业科学，17(6): 62-65, 83.

马春晖，夏艳军，韩军，等，2010. 不同青贮添加剂对紫花苜蓿青贮品质的影响[J]. 草业学报，19(1): 128-133.

齐梦凡，娄春华，朱晓艳，等，2018. 不同苜蓿草粉水平对初产母猪生产和繁殖性能的影响[J]. 草业学报，27(10): 160-172.

水利部牧区水利科学研究所，1995. 草原灌溉[M]. 北京：水利电力出版社.

孙启忠，2020. 苜蓿简史稿[M]. 北京：科学出版社.

孙启忠，柳茜，2018. 我国古代苜蓿物种考述[J]. 草业学报(8): 155-174.

孙启忠，柳茜，2019.华北及毗邻地区近代苜蓿栽培利用考述[J].草业学报，28(5): 143-150.

孙启忠，王宗礼，徐丽君，2014.旱区苜蓿[M].北京：科学出版社.

孙启忠，玉柱，赵淑芬，2008.紫花苜蓿栽培利用关键技术[M].北京：中国农业出版社.

孙醒东，1958.重要绿肥作物栽培[M].北京：科学出版社.

王成章，陈桂荣，1998.饲料生产学[M].郑州：河南科学技术出版社.

玉柱，孙启忠，2011.饲草青贮技术[M].北京：中国农业大学出版社.

玉柱，杨富裕，2003.饲草加工与贮藏技术[M].北京：中国农业科学技术出版社.

臧为民，廉红霞，2005.不同水平苜蓿草粉对哺乳母猪及其仔猪生产性能及血清指标的影响[J].西北农林科技大学学报(自然科学版)(2): 54-59.

图书在版编目（CIP）数据

苜蓿加工利用实用技术问答／全国畜牧总站组编.—北京：中国农业出版社，2020.12
（畜牧养殖实用技术问答丛书）
ISBN 978-7-109-27638-3

Ⅰ.①苜… Ⅱ.①全… Ⅲ.①紫花苜蓿-加工利用-问题解答 Ⅳ.①S541-44 ②S512.6-44

中国版本图书馆CIP数据核字（2020）第250747号

中国农业出版社出版
地址：北京市朝阳区麦子店街18号楼
邮编：100125
责任编辑：王森鹤 周晓艳
版式设计：王 晨 责任校对：沙凯霖 责任印制：王 宏
印刷：北京通州皇家印刷厂
版次：2020年12月第1版
印次：2020年12月北京第1次印刷
发行：新华书店北京发行所
开本：880mm×1230mm 1/32
印张：5.25
字数：135千字
定价：48.00元